浪花朵朵

奇妙的演化

探索生命如何演变

［英］安娜·克莱伯恩　著
［英］韦斯利·罗宾斯　绘

姜楠　译

浙江教育出版社·杭州

目录

引言

我们生活在一个充满变化的世界里。

岩石慢慢地裂开、破碎，然后又重新形成；

悬崖、山谷和海滩会改变形状；行星和恒星也在运动和变化。

最重要的、也是最快的变化，是生物的变化。

它们随着季节的变化而改变。它们出生，长大，变老，然后死去。

它们有后代，当它们死后，后代就取代了它们。

一代又一代地，新的生物类型不断地发展、演变。

这个过程被称为演化，它非常重要。

演化是生物学的重要组成部分，生物学是一门研究生物的科学。

科学家直到19世纪才弄清楚演化是怎样发生的，距今不足200年。

他们目前仍在研究这个过程，想要找出更多的奥秘。

· 演化解释了今天地球上的所有生物是怎么出现的。

· 演化解释了为什么会有如此多不同种类的生物。

· 正是因为演化，生物才看起来如此适合或适应周围的环境。

· 演化还解释了为什么很多曾经出现过的生物不复存在，
比如恐龙。

· 人类之所以出现也要感谢演化，并且和其他生物一样，
我们仍在演化中。

演化是一个惊人的、不断变化的过程。

本书探讨了什么是演化，它是怎样发生的，以及是谁发现了演化的奥秘。

本书展示了数十亿年来生命是怎样变化并分支成如此多不同形式的，

还揭示了人类与所有生物的关系，不仅有与猿和猴的关系，

还有与猫、狗、鱼，甚至香蕉的关系！

你会在书中遇到一些演化所带来的最奇怪、最不可思议的生物和生物特征，

并且了解它们未来演化的方向。

第1章

了解演化

我们的星球上充满了生机。

从拥有丰富的浮游生物、鱼类、水母、鲸和海豚的海洋，

到横跨大陆的绿色草原和森林，

甚至在最大的现代城市——数以千万计人的家园，

生物无处不在。

但如果时间回到40亿年前，这些生物都还不存在。

从那时起到现在，地球上发生了一些奇妙的事件：

不知怎地，生命出现了，

并且演变成了许多不同的形式。

在很长的时间里，没有人真正知道这是怎么发生的，

以及它是如何运作的。

直到19世纪，科学家才开始了解生物的演化，

了解它如何发生以及如何发挥作用。

从那以后，演化一直是科学界最重要的话题之一。

什么是演化?

演化是生物随着时间的推移发生变化并不断进行改变的方式。

每一种生物都是通过演化演变成现在的样子,

这就是为什么地球上有这么多不同的、令人惊奇的生物种类。演化让这些物种去改变,

生活在不同的地方,以不同的方式寻找食物,并且最终彼此之间变得不同。

石头里的故事

我们可以通过从地下挖掘出来的化石,

了解生物如何随着时间而改变。现在地球上也有蜻蜓,

但化石显示,3亿年前,蜻蜓的体形要比现在大得多!

巨大的巨脉蜻蜓,
它的翼展长达70厘米。

1.5亿年前,地球上到处都是恐龙。

我们会知道它们的存在是因为恐龙化石的发现。

今天恐龙已经灭绝了,但是有些种类的恐龙演化成了鸟类,

仍然生活在地球上。

恐龙被认为是鸟类的祖先,
有些恐龙长有羽毛和喙状的嘴。

从一到多

科学家认为，地球上的生命大约在38亿年前起源于一种单细胞生物。从这种最原始的生命开始，
演变缓慢发生，最终造就了越来越多的变化和数十亿种不同的物种——地球上所有曾经出现过的和现今存在的生物。
随着时间的推移，生物在不断地改变和演化。演化永远不会"终结"，一直在发生。

- 人类的演化 -

在下面的时间线上，你可以看到从最初的单细胞生物开始到人类，整个演化过程的一些阶段。
这个演化过程并没有显示所有的演化方式，只是成千上万种演化途径之一。

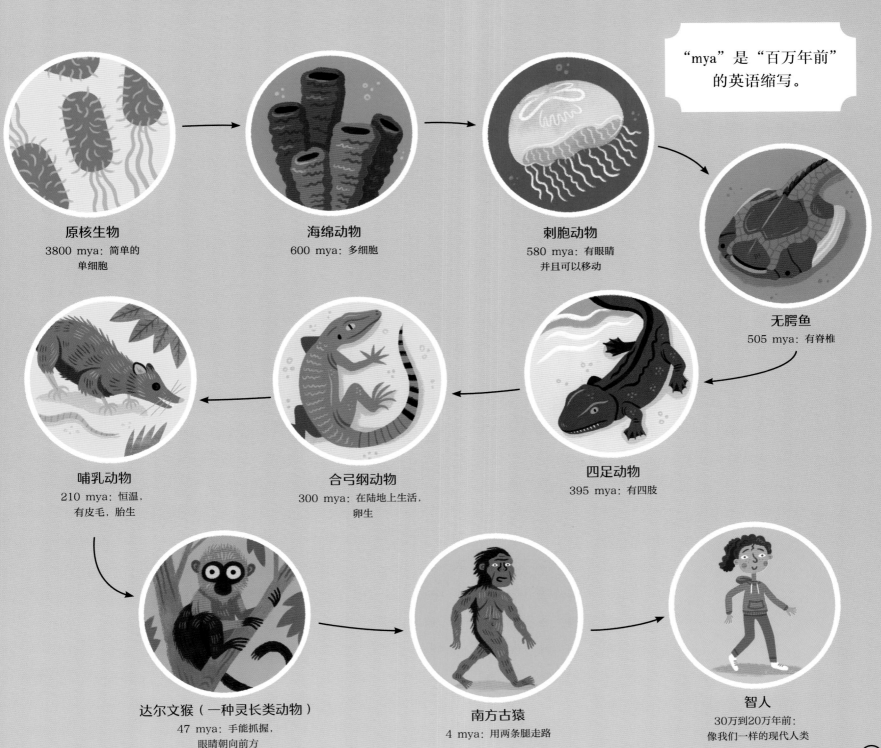

"mya" 是 "百万年前"
的英语缩写。

原核生物
3800 mya: 简单的
单细胞

海绵动物
600 mya: 多细胞

刺胞动物
580 mya: 有眼睛
并且可以移动

无腭鱼
505 mya: 有脊椎

哺乳动物
210 mya: 恒温,
有皮毛, 胎生

合弓纲动物
300 mya: 在陆地上生活,
卵生

四足动物
395 mya: 有四肢

达尔文猴（一种灵长类动物）
47 mya: 手能抓握,
眼睛朝向前方

南方古猿
4 mya: 用两条腿走路

智人
30万到20万年前:
像我们一样的现代人类

生物的多样性

我们的星球——地球，是我们目前所知道的唯一有生命存在的地方。

在所有的太空探索中，我们暂时还没有在其他地方找到生命。

但我们自己的星球上，并不只有一种或仅仅几种生命。

地球是数以百万计的不同物种的家园。

绿树、青草和有花植物

飞行的鸟类、
蝙蝠和昆虫

能行走、能说话，聪明、
超级有创造力的人类

数十亿的细菌

有鳞片的爬行动物和
有皮毛的哺乳动物

海洋中有鱼类、鲸、
章鱼和其他海洋生物

完美适应

地球上几乎每个地方都有生物。
它们通常都很好地适应了自己所生活的地方并且能找到食物。

鮟鱇生活在漆黑一片的深海。它的头上长着一个
发光的诱饵，用来吸引小鱼和小虾。

但是你在阳光充足的浅海水域找不到这种鱼，
因为它的这种特征在深海以外的地方就没那么有用了。

在澳大利亚南部的浅海水域生活着一种长相与众不
同的鱼——叶海龙。叶子一样的形状和颜
色使它可以完美地隐藏在暗礁和被海藻
覆盖的岩石中。但在深海，这种伪装
就不能帮助它生存了。那
里没有充足的阳光，长
不出绿叶植物，不能为
它提供藏身之处。

怪异又精彩

有些生物具有我们至今不知道用处的奇异特征。
巴西角蝉就是其中之一。它的头上有一组
不同寻常的球体，使它看起来像一架
奇怪的直升机。没有人知道这个特征是用来
做什么的！

怎么发生的？

长期以来，地球生物多样性之谜一直是科学家研究的一个主要课题。他们想知道：

为什么有这么多
不同种类的生物？

为什么过去的生物和现在的
生物如此不同？

生物会从一个物种
变成另一个物种吗？
这是怎么发生的？

后来，在19世纪中叶，
两位伟大的科学家
找到了答案。这两位
科学家是
查尔斯·达尔文和
阿尔弗雷德·拉塞
尔·华莱士。

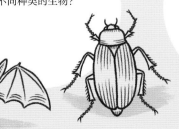

长耳蝠　　　　　　圣甲虫　　　　　　三叶虫化石　　　　　肉鳍鱼　　　　　四足动物

达尔文和华莱士

19世纪早期，科学繁荣发展。电池、发动机和蒸汽机车被发明出来。
人们对过去产生了浓厚的兴趣，开始挖掘化石和古代遗迹。
科学家还发现了地球是怎样随着时间而变化的。

达尔文的探险

1809年，查尔斯·达尔文出生于英国。虽然他的父亲希望他成为一名医生，但他真正感兴趣的是自然。他把时间花在观察和收集野生动物上。22岁时，在朋友的推荐下，达尔文开始了为期五年的环球航行，当时他作为一名博物学家，在一艘名为"小猎犬号"的调查船上工作。他的工作是观察野生动植物和收集标本。一路上，他研究了数以千计的植物、动物和化石。这使他思考物种是怎么随着时间的推移而变化的，以及新物种从何而来。

在南美洲厄瓜多尔附近的加拉帕戈斯群岛上，达尔文发现生活在不同岛屿上的雀类长得略有不同。它们似乎以不同的方式发展——但这是怎么发生的呢？

达尔文在加拉帕戈斯群岛上发现了世界上最大的陆龟。

玛丽·安宁

故事从1811年开始，当时只有12岁的著名化石猎人玛丽·安宁发现了几块重要的新化石。
她的发现使其他科学家对生物之间为什么看起来如此不同有了更深入的思考。
安宁住在英国海滨城市莱姆里杰斯，
至今那里仍有许多新化石被发现。
她一生都过着化石猎人及专家的生活。
她的那只名叫特雷的狗也在她的化石狩猎之旅中提供帮助。

这个2亿年前的蛇颈龙（一种海洋爬行动物）化石
是玛丽·安宁最重要的发现之一。

华莱士的漫游

阿尔弗雷德·拉塞尔·华莱士于1823年出生在英国威尔士。虽然华莱士的工作是测量员和教师，但和达尔文一样，他也是一位狂热的自然收藏家。他快速动身前往亚马孙雨林采集植物和动物标本。后来他又探索了东南亚的马来群岛。和达尔文一样，他的发现让他开始思考物种是怎样起源的，以及它们是如何变化的。他注意到，在马来群岛上，不同的物种似乎被一条看不见的线隔开了。华莱士意识到，这是由于数百万年前地球大陆的分裂、漂移造成的。被海洋分隔的亚洲和澳大利亚的物种向不同的方向发展。但是这些物种是怎样随着时间的推移而变化的呢？

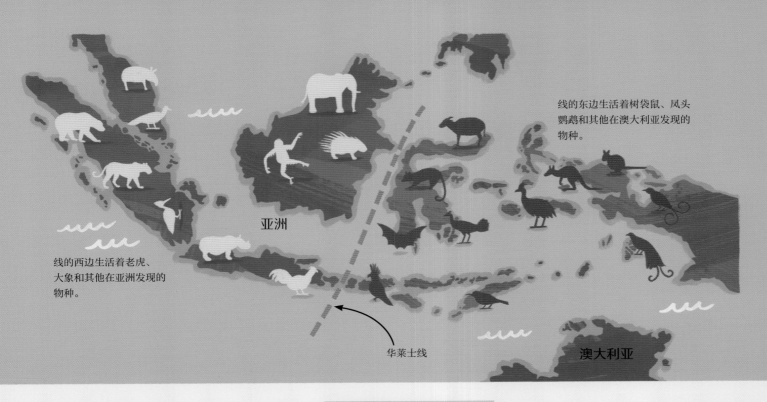

线的东边生活着树袋鼠、凤头鹦鹉和其他在澳大利亚发现的物种。

亚洲

线的西边生活着老虎、大象和其他在亚洲发现的物种。

华莱士线

澳大利亚

英雄所见略同！

旅行结束后，达尔文继续研究生物。1837年，他在笔记中写道："一个物种确实会变成另一个物种。" 到1840年左右，他想出了一个理论解释这是如何发生的。
他计划写一本与之相关的书，但之后数年的时间他一直在收集更多的笔记和证据。
到了1856年，达尔文和华莱士听说了彼此的兴趣，并开始互相写信。
1858年，在亚洲，华莱士突发奇想，发现了可以解释物种变化的理论。
他迅速写下来并寄到了英国。
达尔文和华莱士提出了同样的理论：
自然选择。

达尔文

华莱士

尽管达尔文是与自然选择理论联系最紧密的人，但描述该理论的论文是达尔文和华莱士在1858年共同发表的。

伟大的理论

达尔文和华莱士于1858年7月在伦敦的一次
科学会议上向全世界发表了自然选择理论。然而，直到一年后
达尔文出版了《物种起源》一书，这个理论才引起轰动，这本书使达尔文名声大噪。
时至今日，自然选择学说仍是公认的对演化的主要解释。
那么，什么是自然选择呢？让我们来看一下一种生活在茂密森林中的壁虎。

① 这种壁虎有许多不同的皮肤颜色和
纹理。

光滑有光泽

褐色

淡黄色

粗糙无光泽

② 壁虎在夜间活动，捕食森林里的昆虫。
同时，它们被鸟类和蛇类捕食。
容易被发现的壁虎更容易被捕捉。
黄色的和有光泽的壁虎能反射更多月光，
因而更容易被发现和捕食。
无光泽的、褐色的壁虎更容易隐藏，
因而不但不容易被捕食，而且能捕捉到更多食物。

③ 这样，无光泽的、褐色的壁虎更容易存活下来。
它们活的时间更长从而生下更多后代，
并把它们的皮肤类型传递给下一代。

④ 这种情况持续发生。随着时间的推移，这个
物种的大多数个体拥有了褐色和无光泽的皮肤。
但捕食者仍然很饥饿。它们会继续捕食壁虎。
这时，那些看起来像枯树叶的壁虎更难被发现。
这些壁虎存活的时间更长，产生的后代也更多。

⑤ 经过许多代之后，
这个物种的个体开始变得越来
越像棕色的树叶。

三元理论

演化要以这种方式工作，需要三样东西：

① **变异或差异**

即使在同一物种中，个体之间也存在着细微的差异。
例如，一窝小猫会有不同的斑纹；
壁虎有不同的皮肤颜色和纹理。

② **生存竞争**

并不是所有的壁虎都能存活下来，
有些被吃掉了，或者没能找到足够的食物而死掉了。
大自然选择哪些物种存活下来
取决于哪些物种最适应环境。

③ **繁殖或产生后代**

所有生物都会繁殖，或复制自己，
如产生幼崽或幼苗。
它们把自己的一些特征传递给后代，
如形状或颜色。

全都是因为基因

达尔文和华莱士发现了演化是如何发生的，但也有一些问题他们无法回答。
为什么生物之间存在多样性，即使在同一物种中也是如此？生物怎么把它们的
特征传递给下一代？现在，我们知道这全都是因为基因——生物细胞里的微小指
令。在19世纪，显微镜还没有强大到能看到细胞的内部，没有人知道
生物是怎么复制自己的。这些都是后来才发现的。

什么是基因？

基因是制造一种叫作蛋白质的化学物质的指令
（就像一本烹饪书），而蛋白质是构成生物的基石。
每个生物都有很多基因。通过遵循基因中的各种指令，
细胞可以生长、自我复制并完成它们的工作。

每个物种都有自己的一组基因，称为基因组。
独特的基因组使每个物种有自己独特的外表和行为方式。

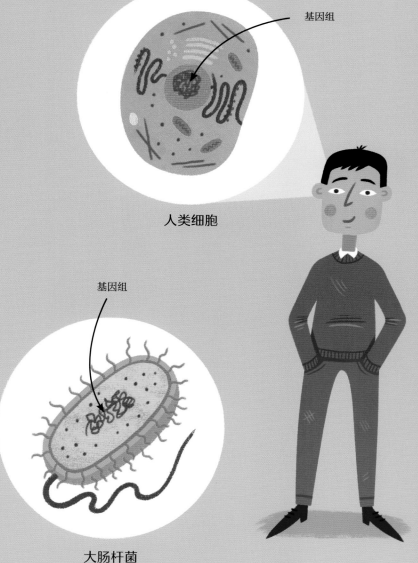

基因组

人类细胞

基因组

玫瑰细胞

基因组

大肠杆菌

什么是DNA?

DNA就是脱氧核糖核酸，
是一种像长细丝的螺旋状物质。DNA是由基因组成的。
基因是细长的DNA链的一部分。
在基因的内部，脱氧核糖核苷酸按一定的模式排列，
形成细胞遵循的编码指令。

生物通过复制细胞来生长和繁殖。
当细胞被复制时，它们的DNA和基因也被复制。
生物特征通过这种方式得到传递。小长颈鹿
源自于父母的细胞。这些细胞包含它们父母DNA的
副本，而它们父母的DNA含有长颈鹿的
基因组。所以这些细胞形成的幼崽也有长颈鹿的
基因组，并最终长成大长颈鹿！

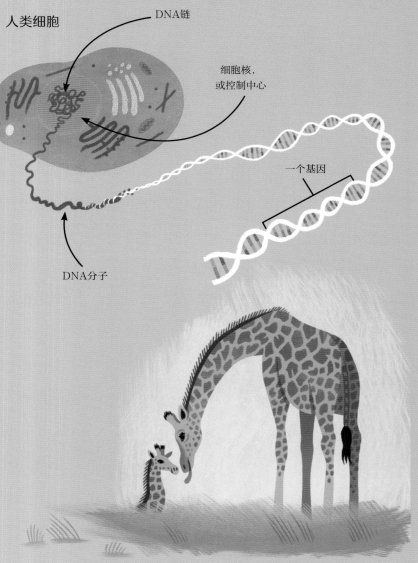

人类细胞　　　　　DNA链

细胞核，
或控制中心

一个基因

DNA分子

-产生突变-

当DNA被复制时，并非总是不出错。
复制过程可能会产生错误，这种错误被称为突变，
有时这些突变会改变生物的外表或行为方式。
随着时间的推移，越来越多的突变造成了个体之间的差异。
当父母生孩子的时候，父亲和母亲的两个基因组混合在一起。
兄弟姐妹（除了同卵双胞胎）会得到父母基因组的
不同组合。这也增加了同一个物种的不同个体之间的差异。

小长颈鹿的细胞含有父母DNA的副本，
这意味着它们也会长成长颈鹿。

人们的外型各异。父母将不同的DNA
组合传递给孩子们，与此同时突变也会发生，
它们共同造就了人与人之间的差异。

新物种

达尔文和华莱士都对新物种的起源问题着迷。
这也是为什么达尔文把他的书命名为《物种起源》。
那么新物种是怎样从已有的物种中发展并分支出来的呢?

什么是物种?

一个物种是一种特定类型的生物。科学家已经发现并命名了大约190万个物种,
但他们仍然在寻找新的物种。他们认为可能总共有多达900万个物种!
每个物种都有自己的学名。同一个物种的个体之间可以通过繁殖产生更多
相同物种的生物。通常,不同的物种不会相互交配。

华莱士飞蛙,或称黑掌树蛙(*Rhacophorus nigropalmatus*),是近5000种蛙中的一种。

世界上有6万多种树,
包括马达加斯加的大猴面包树
(*Adansonia grandidieri*)。

现代人类是大约1.5万种
哺乳动物中的一种。

到底是……不是一个物种?

有些物种内部还有不同的类型,称为亚种。有些时候,
科学家不能确定一种生物到底是一个亚种,还是一个独立的
物种。以长颈鹿为例。一些科学家说只有一个长颈鹿的
物种,有9个亚种。其他的科学家却说实际上有8个不同的
长颈鹿物种,或者6个……或者4个!

长颈鹿

两个不同的物种能产生后代吗?

有时候,两个不同的物种可以交配
并繁衍后代,这样的后代被称为
杂交种。狮子和老虎的后代叫作
狮虎兽。但大多数杂交种不能生育,
而且往往是不健康的。

狮虎兽

新物种是如何产生的

新物种的产生被称为"物种形成"。

这通常发生在一个物种的一些成员开始独立于其他成员进行演化的时候。

渐渐地，一个物种变成两个物种，有时甚至更多。

美国大峡谷是一个很深的峡谷，由科罗拉多河的流水冲击而成。

随着它逐渐变得越来越深、越来越宽，一个松鼠物种被分成了两个群体，分别生活在峡谷的两侧。它们再也无法见面和交配了。

于是它们以不同的方式演化，最终成为两个物种。

凯巴布松鼠生活在大峡谷的北侧。

艾伯特松鼠生活在大峡谷的南侧

- 达尔文雀 -

达尔文研究的雀类（见第12页）是物种形成的另一个例子。

南美大陆的一种雀来到了加拉帕戈斯群岛。

在不同的岛屿上，有不同种类的食物。

在自然选择下，不同岛屿上的雀类为了觅食从而以不同的方式演化。

最终，一个物种变成了十多个新物种。

祖先雀类物种

从祖先雀类物种演化而来的雀类有不同形状的喙，这是因为它们吃的食物不一样。

新的雀类物种

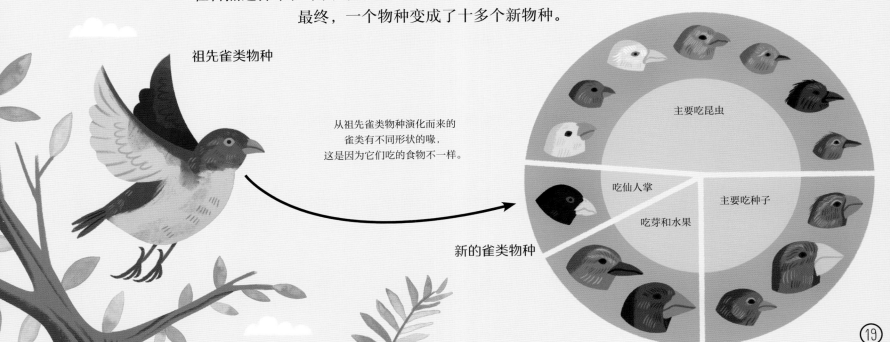

主要吃昆虫

吃仙人掌

吃芽和水果

主要吃种子

灭绝

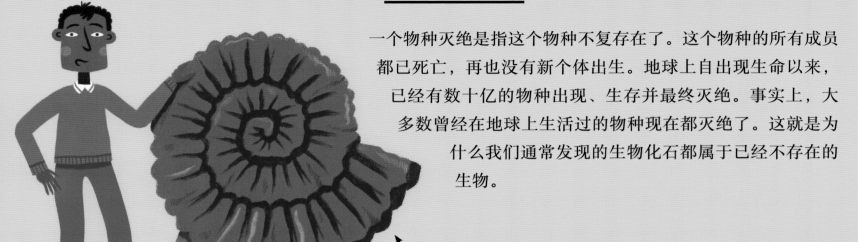

一个物种灭绝是指这个物种不复存在了。这个物种的所有成员都已死亡，再也没有新个体出生。地球上自出现生命以来，已经有数十亿的物种出现、生存并最终灭绝。事实上，大多数曾经在地球上生活过的物种现在都灭绝了。这就是为什么我们通常发现的生物化石都属于已经不存在的生物。

菊石是一类与章鱼亲缘关系较近的海洋生物，有蜗牛一样的外壳。这是迄今发现的最大的菊石之一——巨菊石（*parapuzosia seppenradensis*），它生活在大约 8500 万年前至 7100 万年前。

灭绝的原因

物种灭绝的原因有许多种：

· 一个物种如果失去了栖息地（它的家园）就可能灭绝。
例如，森林被大火烧毁，湖泊干涸。

· 如果气候改变，变热、变冷、变得潮湿或者变得干燥，一些物种可能就无法生存。

· 如果一个物种找不到足够的食物，它可能就会灭绝。

· 疾病可能会使物种灭绝。

· 物种之间往往会因食物或空间产生竞争。
一个物种胜利，那么另一个则可能会灭绝。

· 一个物种被其他生物过度狩猎或捕食可能会走向灭绝。

猛犸象在几千年前灭绝了，原因是人类的捕猎和气候变化。
在最后一个冰河时期之后，地球变暖，致使猛犸象的栖息地消失。

库克逊蕨是一种简单的早期陆生植物。
它的灭绝可能是因为其他的植物演化并侵占了它的生存空间。

大灭绝

有时候，很多物种会同时灭绝。这被称为大灭绝。
约6600万年前，大约80%的物种在白垩纪-第三纪大灭绝中消失了。
这可能是由一颗体积较大的小行星撞击地球造成的。现在另一场大灭绝正在发生，
这主要是由人类对地球的破坏引起的。
捕猎、污染以及为了给城市和农田腾出空间而破坏自然栖息地等行为，
正在使许多物种走向灭绝。

6600万年前，恐龙和许多其他物种在
白垩纪-第三纪大灭绝中灭绝了。

2012年，在厄瓜多尔的加拉帕戈斯群岛，
"孤独的乔治"死亡，它是世界上最后一只平塔岛象龟。
因为人类的狩猎，这个物种灭绝了。

灭绝是不好的吗?

现今许多物种的灭绝是由人类造成的，所以我们要努力阻止灭绝的发生。
保育运动试图拯救这些濒危物种：

哥伦比亚绒毛猴，
南美洲

考岛悬木雀，
夏威夷

大王花，
东南亚

然而，灭绝也是演化的自然组成部分。
任何物种都不会永远存在。
平均而言，每个物种仅能生存约500万到1000万年。

演化的类型

自然选择（见第14页）是演化发生的主要方式之一。
但是演化也可以通过其他方式发生，包括性选择、亲属选择、
人工选择和协同演化等。

选择配偶

在一些动物物种中，个体会选择配偶进行繁殖。
雌鸟可能会选择叫声最悦耳、
求偶舞姿最优美或者羽毛最艳丽的雄鸟。
还有一些动物，雄性相互争斗，获胜者与雌性交配。
争斗或展示意味着最强壮或最健康的雄性可以成功交配
并将它的基因和DNA传递下去。
这被称为性选择，因为动物被选择是为了交配、繁殖，
而不是为了保留有助于生存的特征。

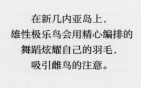

威氏极乐鸟

在新几内亚岛上，
雄性极乐鸟会用精心编排的
舞蹈炫耀自己的羽毛，
吸引雌鸟的注意。

红极乐鸟

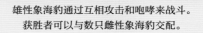

雄性象海豹通过互相攻击和咆哮来战斗。
获胜者可以与数只雌性象海豹交配。

人人为我，我为人人

自然选择会选出最擅长生存的个体，然后这些个体得以繁殖。但是蜜蜂呢？
只有蜂王才有后代。工蜂努力帮助它们的蜂王和蜂群生存，而不是自己。
这样最终活下来的就是最擅长生存的群体，而不是个体。
这就是亲属选择，也可以称为家系选择。

蜂王

为了保护蜂群和蜂王，工蜂会蜇人，
尽管这样会使它们失去生命。

选择最好的

人工选择是自然选择的人为版本。
数千年来，农民一直在这样做。
查尔斯·达尔文也研究了人工选择，
从而帮助自己更好地理解自然选择。

最初，人们种植野生植物、养殖野生动物作为食物。
他们会选择那些果实最大的、性格最温驯的或者味道最好的个体，
并用它们来繁殖下一代。
这样经过许多代后，野生植物和动物就"演化"
成了更有用的"版本"。

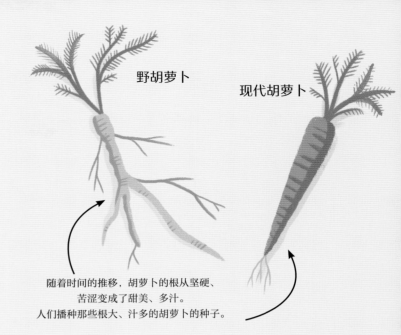

野胡萝卜

现代胡萝卜

随着时间的推移，胡萝卜的根从坚硬、
苦涩变成了甜美、多汁。
人们播种那些根大、汁多的胡萝卜的种子。

来自一个共同祖先的超过400个犬种被
人类选择性地进行繁育来从事不同的工作。

柯利牧羊犬——牧羊犬

德国牧羊犬——警卫犬

西施犬——伴侣犬

一起演化

有时候，两个物种同时演化来帮助彼此生存，
这叫作协同演化。
牛角相思树长有让蚂蚁居住的"角"，
并会为蚂蚁制造食物。
生活在树上的蚂蚁则会杀死
对牛角相思树有害的细菌并攻击其他
想要吃牛角相思树的动物。

撞脸

有时，分布于世界不同地区的两个不同物种会独立演化得越来越相似，
但它们之间并没有很近的亲缘关系。科学家称这种演化为"趋同演化"。
南方飞鼠和蜜袋鼯的故事证明了这种演化是如何发生的。

同样的栖息地，不同的科

生物通过演化来适应其周围环境或栖息地。
例如，森林动物可能会变得擅长爬树来适应森林的生活环境。
世界的不同地方会有相同类型的栖息地，比如森林。
无论这些栖息地在哪里，生物都会适应它们并在其中生存。

然而，世界的不同地方居住着不同类型的生物。
在北美，野生哺乳动物都是有胎盘类哺乳动物，也就是说它们的宝宝，
在母亲的子宫里生长。澳大利亚及其附近的一些岛屿是另一种哺乳动物——有袋类
动物的家园。有袋类动物的宝宝不是在母亲体内生长，
而是在母亲腹部的育儿袋内生长。

欧洲　亚洲　北美洲

非洲

大洋洲

南美洲

啮齿动物，
例如大鼠、花栗鼠和河狸，
是有胎盘类哺乳动物。
它们在北美洲很常见。

袋鼠、小袋鼠和
袋熊都是有袋类动物。
有袋类动物生活在大洋洲。

袋熊

袋鼠和袋鼠宝宝

褐家鼠

河狸

对应的哺乳动物

北美洲的有胎盘类哺乳动物和澳大利亚的有袋类哺乳动物属于完全不同的科。

然而，这两类动物中分别有一种动物：生活在北美洲的南方飞鼠和澳大利亚的蜜袋鼯。

它们以几乎完全相同的方式演化，来适应森林里的生活。

结果，这两种动物外表看起来几乎一模一样。

乍一看，你甚至会认为它们是同一个物种。

南方飞鼠（ *Glaucomys volans* ）
——北美洲啮齿动物

这两种动物都有
灰褐色的皮毛，用来保暖以及
与树干颜色融为一体。

蜜袋鼯（ *Petaurus breviceps* ）
——澳大利亚有袋类动物

这两种动物都是夜行性动物，
它们的眼睛都很大，
能在夜间看到东西。

它们的身体两侧都有松弛的皮肤，
这些皮肤可以伸展开来，
使它们能够在树与树之间滑翔。

它们都有手状的爪子，
用于攀爬和抓握食物。

它们都吃各种森林食物，
如昆虫、蛋、蘑菇、果实、
种子、花瓣、树汁和花蜜。

我已找到栖身之所！

栖息地和生活在其中的生物组成生态系统。

生态位是生态系统中的一个特定的位置，生物会通过演化来适应这个位置。

蜜袋鼯和南方飞鼠都为了适应相同的生态位而演化，

只是它们的栖息地位于地球的不同地方。

第 2 章

古往今来的生物

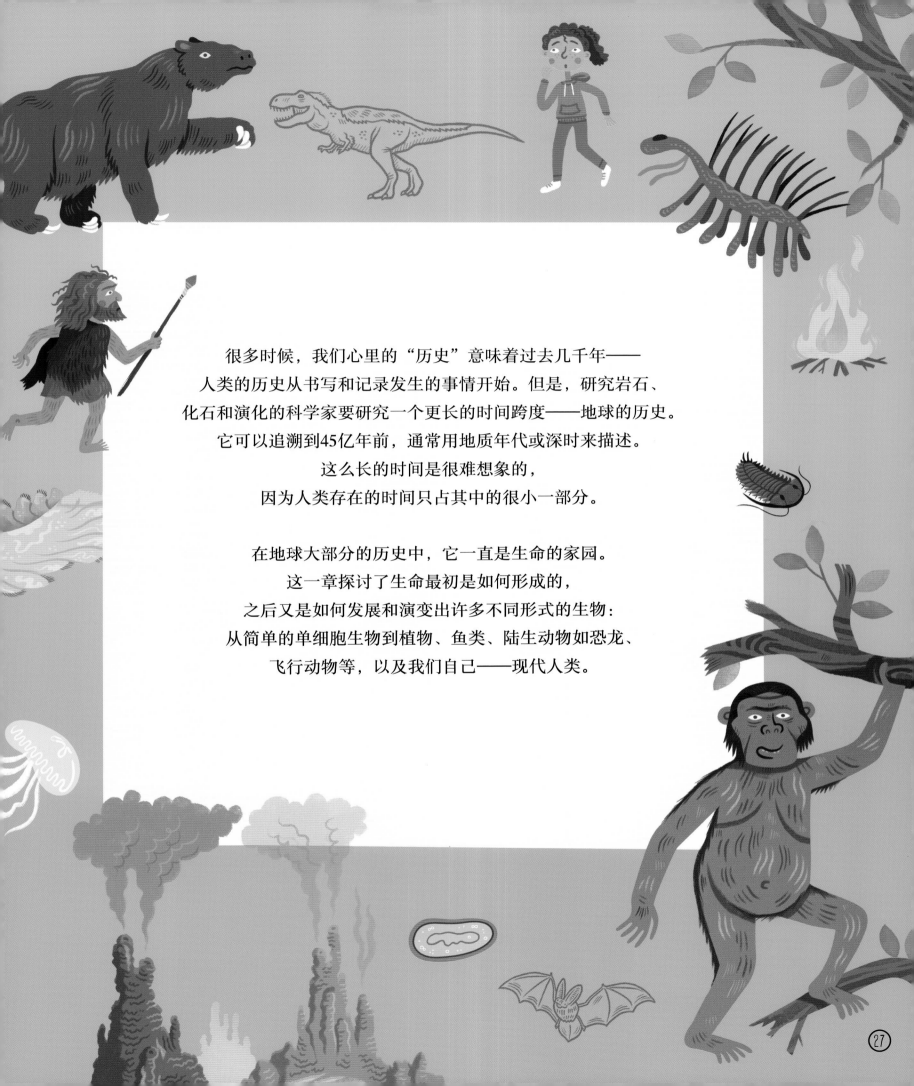

很多时候，我们心里的"历史"意味着过去几千年——
人类的历史从书写和记录发生的事情开始。但是，研究岩石、
化石和演化的科学家要研究一个更长的时间跨度——地球的历史。
它可以追溯到45亿年前，通常用地质年代或深时来描述。
这么长的时间是很难想象的，
因为人类存在的时间只占其中的很小一部分。

在地球大部分的历史中，它一直是生命的家园。
这一章探讨了生命最初是如何形成的，
之后又是如何发展和演变出许多不同形式的生物：
从简单的单细胞生物到植物、鱼类、陆生动物如恐龙、
飞行动物等，以及我们自己——现代人类。

地球的历史

这张时间表显示了地球的历史以及生命是如何演化的。它涵盖了从地球最初形成到现在，

长达45亿年的漫长时间。为了使这段时间更容易被理解和使用，

科学家把它分成了更小的时间段，依次称为宙、代和纪。

即使是这样，这些地质年代单位也都有数百万年之久，比现代人类在地球上存在的时间长很多。

	新生代	第四纪
		第三纪
	中生代	白垩纪
		侏罗纪
		三叠纪
显生宙	古生代	二叠纪
		石炭纪
		泥盆纪
		志留纪
		奥陶纪
		寒武纪
元古宙		
太古宙		
冥古宙		

·古往今来的生物·

像这样的图表通常被称为地质年代表，
因为时间刻度是由化石所在岩层的年龄来衡量的。

2.5—0 MYA	在30万到20万年前，现代人类出现了
66—2.5 MYA	哺乳动物时代。许多新的哺乳动物出现了，包括最早的灵长类动物（我们的祖先）
145—66 MYA	66 mya ——恐龙在白垩纪-第三纪大灭绝中灭绝
199—145 MYA	恐龙时代。最早的哺乳动物和鸟类演化出现
251—199 MYA	首次出现恐龙
299—251 MYA	251 mya ——95%的物种在二叠纪-三叠纪大灭绝中灭绝
359—299 MYA	首次出现爬行动物
416—359 MYA	首次出现飞行昆虫和两栖动物
443—416 MYA	首次出现陆生动物
488—443 MYA	首次出现陆生植物
542—488 MYA	540 mya ——寒武纪生命大爆发，出现了许多新的生物
2500—542 MYA	首次出现多细胞动物
4000—2500 MYA	约3800 mya ——最早的简单单细胞生命出现了
4500—4000 MYA	生命开始前的宙——时间跨度从45亿年前地球形成到地球上出现第一个生命

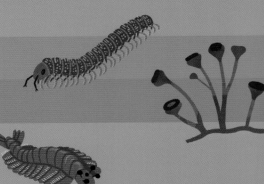

化石记录

如今我们已知大约几千种过去的生物——史前植物、鱼类、恐龙、昆虫、早期人类，等等。

我们是如何知道的呢？这很大程度上是因为化石。

化石是很久以前的生物遗留在岩石中的遗体或遗迹。

化石是怎样形成的？

当动物或植物死亡，它们的身体通常会腐烂或被别的什么生物吃掉。

但如果它的遗体被迅速掩埋，就可能会变成化石。

化石可以通过不同的方式形成，但典型的化石形成方式是生物死亡并被埋在泥土层或沙层之中，

它的遗骸慢慢地被矿物质取代。这样形成的化石被称为铸型化石。

- 铸型化石 -

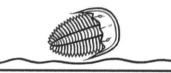

1. 在寒武纪的海洋中，一只三叶虫
死了并且沉入了海底。
它身体柔软的部分腐烂了。

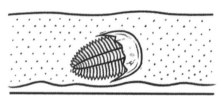

2. 随着一层层的泥沙沉积在海床上，
这只三叶虫的壳慢慢地被掩埋。

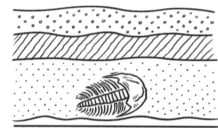

3. 随着越来越多的岩层堆积，泥沙被压实，
变成坚硬的岩石。溶解有矿物质的水渗入岩石。
慢慢地，三叶虫的壳自行溶解，它所在的位置
被另一种矿物质填充，形成坚硬的化石。

- 遗迹化石 -

当痕迹或印记被一层层的泥土
覆盖，最终硬化成岩石，
就形成了遗迹化石。

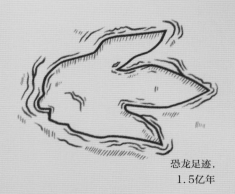

恐龙足迹，
1.5亿年

- 琥珀化石 -

动物和植物可以保存在琥珀中，
琥珀是树脂的化石。数百万年前，
小昆虫被困在黏稠的树脂中，
跟随树脂慢慢变硬就形成了琥珀化石。

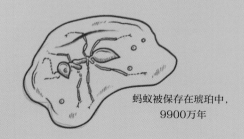

蚂蚁被保存在琥珀中，
9900万年

- 软体化石 -

通常，只有像骨头这样坚硬的
身体部分才会变成化石。
但有时候，生物突然被掩埋，
就能使柔软的身体部位得到保存。

罕见的章鱼化石，
9500万年

年代和地层

不是所有的岩石都是分层形成的，但岩石分层现象很普遍。
这就是为什么你经常会看到岩石切面有条纹。不同岩石层被称为地层，
它们的年龄也不同。科学家使用不同的方法来测量每一层的年龄。
根据化石被发现时所在的岩层，我们可以判断这个物种生活在多久以前。
这种在世界各地的岩石上"写下"的生物历史被称为化石记录。

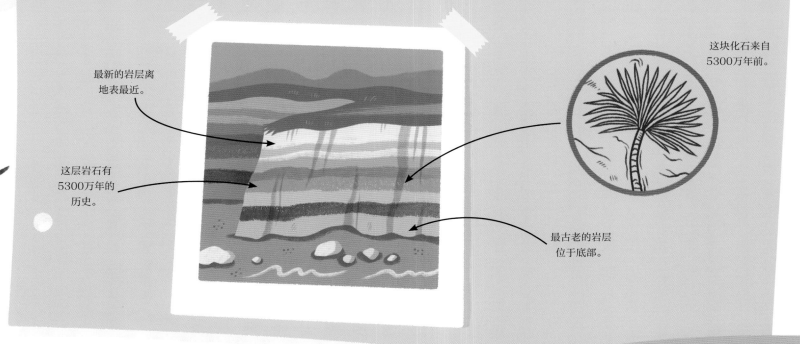

最新的岩层离地表最近。

这层岩石有5300万年的历史。

这块化石来自5300万年前。

最古老的岩层位于底部。

发现化石

我们可以通过多种方式发现化石。
岩层被向上推并形成山脉。当山体磨损、岩层裸露时，
化石就出现了。在海边，海水侵蚀悬崖峭壁，
使古老的岩层露了出来。

人们在英国莱姆里杰斯的崩塌悬崖中
发现了2亿年前的生物化石。

有时，古生物学家会
挖掘地下岩层寻找化石。

在北美洲、阿根廷和中国，
人们发现了许多恐龙化石。

生命如何开始

在地球形成后的数百万年里，没有生命存在。

当时的地球环境比现在热得多，火山不断喷发，小行星不断撞击地球。

令人惊奇的是，在一个没有任何生物的星球上，生命出现了。

没有人能确定这是怎么发生的，但科学家提出了几种不同的理论。

最早的生物可能
看起来像这种蓝细菌。

从小生命开始

可以肯定的是，最早的生物是很微小的。

无论是一棵树还是一只老鼠都无法凭空出现，

像这样的生物是由数百万个细胞组成的。第一个生命可能只有一个细胞，

就像今天的细菌一样。迄今为止人们发现的最古老的生物化石可追溯到大约38亿年前。

根据这些化石呈现的形状，人们把它们称为叠层石，

叠层石是由单细胞微生物形成的扁平或块状的岩石一样的结构体。

- 第一个细胞 -

细胞是所有生物的基本组成部分。它由不同的分子构成，并被一层膜包裹。

为了形成第一个基本的细胞，简单的分子必须结合在一起并发生反应，

制造出生命所需的更复杂的分子，包括DNA。科学家认为这可能发生在温暖潮湿的地方，

因为水让化学物质四处移动并混合在一起，而高温可以帮助它们发生反应。

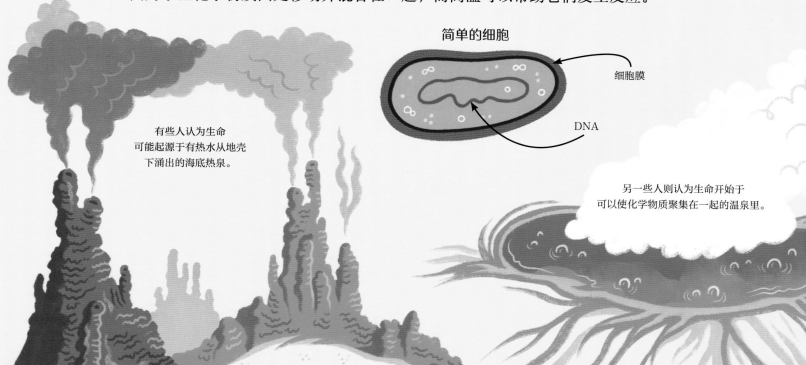

有些人认为生命
可能起源于有热水从地壳
下涌出的海底热泉。

简单的细胞

细胞膜

DNA

另一些人则认为生命开始于
可以使化学物质聚集在一起的温泉里。

水中的生命

一旦生命出现，演化就开始发生，不同的物种便开始发展。
在很长一段时间里，生物只存在于水中，而不是陆地上。
大约5亿年前的寒武纪时期，海洋生物种类非常多。

奇虾

寒武纪时期已知最大的动物，奇虾能长到1米长，
头部的肉柄上有复眼，可能是肉食动物。

水母

最早的水母出现在寒武纪。
它们看起来与现在的水母长得很像。

欧巴宾海蝎

这种生物体形较小，
是奇虾的亲缘物种，
头上长着五只眼睛和一个触手。

三叶虫

三叶虫是一种小型海洋生物，
与蜘蛛和蝎子有亲缘关系。
它们通常有2到10厘米长。

海绵动物

海绵动物的结构非常简单，
它们固定在一个地方，
从水中取食微小的生物。

怪诞虫

怪诞虫是一种看起来
很奇怪的小蠕虫，只有大约2.5厘米长，
长着14根刺和14或16条腿。

海藻

海藻是最早的多细胞植物之一。

外星生命

有一种理论认为，
生命可能不是在地球上形成的，
而是被彗星或小行星从其他地方带到地球的。
如果真是这样，那么意味着我们都是外星人！

离开海洋

最终，一些生物开始在陆地上生活。

人们通常认为这些生物是长了腿的鱼从海里爬了出来。

虽然这样的事情确实发生过，但这并不是生物第一次离开水。

陆生细菌

最早出现在陆地上的生物可能是单细胞生物，比如细菌。

它们可能在20亿或30亿年前被冲到岸上，然后在泥土或岩石中存活了下来。

但这很难确定，因为这么古老的微生物化石非常罕见。

植物的力量

接着，来到陆地上的生物是植物，
这大约发生在4.8亿年前。
那时结构简单的水生植物如池塘里的藻类，
蔓延到岸上并演化为可以在陆地上生存的植物。
它们成为早期的陆生植物，类似于今天的苔藓和地钱。

随着植物的死亡和腐烂，土壤形成了。
同时植物释放氧气，使空气变得适合动物呼吸。
植物还为动物提供食物，让它们也能在陆地上生活。

爬虫入侵

科学家认为，陆地上最早出现的动物是小小的、
多腿的爬虫，就像昆虫、马陆和蜈蚣。
它们在4.2亿年前的化石中被发现。
它们的身体两侧有呼吸用的气门。
昆虫和它们的近亲物种至今仍有呼吸孔。

早期的陆生植物可能
看起来像今天的地钱，
地钱是一种可以生长在岩石上
的矮小植物。

已知最早生活在陆地上的
动物是纽氏呼气虫，
这是一种早期的陆生千足虫，
只有1厘米长。

外骨骼，或者说是外壳，
使它不会在陆地上
失水干透

身体两侧用来
呼吸的气门

最后，有脚的鱼

大约3.95亿年前，一部分鱼类开始向陆地动物演化。
它们演化成了四足动物，也就是"有四条腿的动物"。
这些早期的四足动物就像是鱼类和两栖动物的混合体。
一些四足动物开始离开水，可能是为了到岸上寻找食物。
四足动物后来演化成了爬行动物和哺乳动物，包括人类。

四足动物的足迹

岩石上的足迹化石显示了四足动物是
如何在陆地上爬行的。这些化石还告诉了
我们这些生物体形有多大。

鱼石螈是一种
长约1.5米的四足动物。
它主要生活在水里，
但也可在陆地上度过一段时间。

有蹼的脚趾

像腿一样的鳍

有可以在水中呼吸的鳃和
可以在陆地上呼吸的肺

今天的步行鱼

现在，仍然有一些鱼类能像
陆地生物使用脚一样使用它们的鱼鳍，
既能在水里生活，也能在陆地上生活。
弹涂鱼就是其中之一，
它甚至可以爬树！

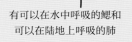

恐龙时代

一想到史前生物，你可能就会想到恐龙，它是所有化石生物中最著名的。
虽然有一些恐龙体形很小，但有的却十分巨大，当人们第一次发现它们的骨头时，人
们以为那是传说中的怪物和龙的遗骸。

恐龙的黎明

由长着四条腿、像鱼一样的四足动物演化而来的生物很多，恐龙就是其中之一。
与它们的近亲——蜥蜴不同的是，恐龙演化出了直立的腿，
所以它们的身体被高高抬起，离开了地面。

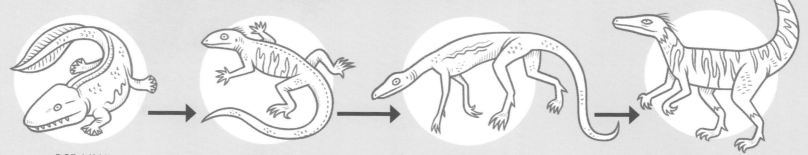

365 MYA

早期的两栖动物是由
鱼类演化而来的。
鱼石螈长着鱼一样的尾巴和鳃，
以及两栖动物的四肢和头骨。

310 MYA

一些两栖动物演化
成了类似蜥蜴的爬行动物。

250 MYA

恐龙是由一类叫作
初龙的爬行动物演化而来的。
兔鳄是一种初龙，
比鸡的体形稍大一点。

230 MYA

最早的恐龙，比如始盗龙，
生活在2.3亿年前。
始盗龙是一种小型食肉恐龙，
体形大约像狗那么大。

随着时间的推移，最早的恐龙演化形成数百种不同的
类型。恐龙种类繁多，有着各种各样令人
着迷的特征……

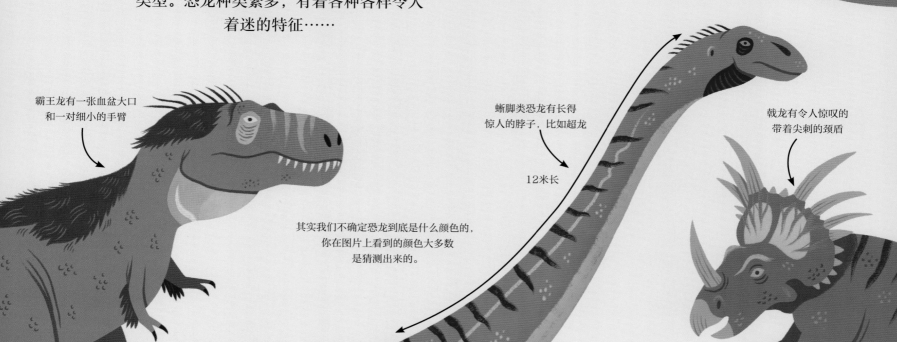

霸王龙有一张血盆大口
和一对细小的手臂

蜥脚类恐龙有长得
惊人的脖子，比如超龙

12米长

戟龙有令人惊叹的
带着尖刺的颈盾

其实我们不确定恐龙到底是什么颜色的，
你在图片上看到的颜色大多数
是猜测出来的。

恐龙时代

恐龙在地球上生活了超过1.6亿年，许多不同的恐龙物种在不同的时期演化出现
或者灭绝消亡，并不是所有种类的恐龙都生活在相同的时间段。

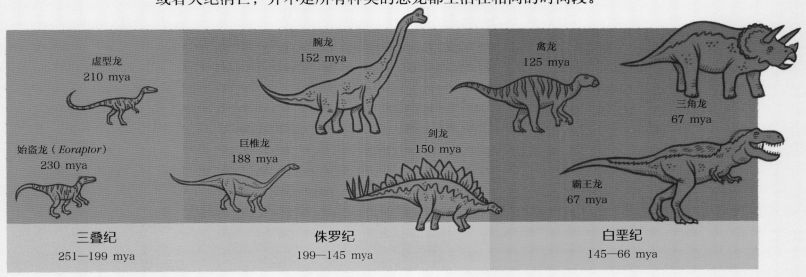

三叠纪	侏罗纪	白垩纪
251—199 mya	199—145 mya	145—66 mya

为什么恐龙的体形这么大？

恐龙长得如此巨大的原因可能有多个。
其中之一是长脖子的蜥脚类恐龙演化出了无需咀嚼就能吞下和消化大量食物的能力，
这帮助它们长得更大。同时长长的脖子意味着它们可以够得着更多的食物，
而巨大的身体也可以保持体温。随着蜥脚类恐龙长得越来越大，
一些食肉恐龙也变得越来越大，这样它们才能够捕食到蜥脚类恐龙。

巴塔哥泰坦龙是迄今为止已知的
最大的恐龙，也是有史以来最大的
陆生动物。

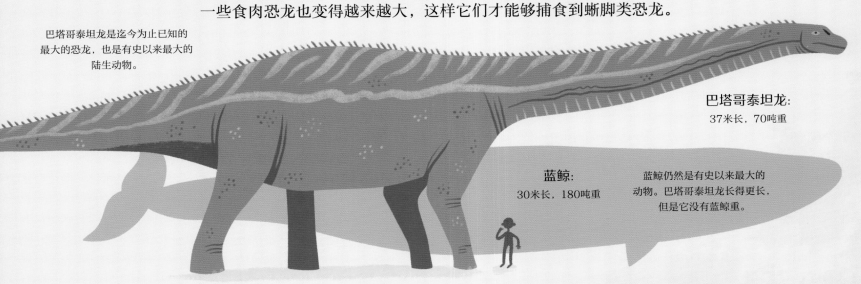

巴塔哥泰坦龙：
37米长，70吨重

蓝鲸：
30米长，180吨重

蓝鲸仍然是有史以来最大的
动物。巴塔哥泰坦龙长得更长，
但是它没有蓝鲸重。

恐龙的灾难

恐龙在约6600万年前的白垩纪-第三纪大灭绝中灭绝，这次大灭绝可能是由一颗巨大的小行星撞击地球造成的。
在杀死了许多生物的热浪过后，灰尘可能在天空中弥漫了数年，遮挡了阳光，因此许多植物死去，
继而食草恐龙饿死了，食肉恐龙也饿死了。幸存下来的生物大多体形较小，包括小型哺乳动物、爬行动物、
昆虫和由小型恐龙演化形成的第一批鸟类。

哺乳动物的崛起

大约2.1亿年前，第一批哺乳动物从爬行动物演化而来，并与恐龙一起生存。
在那个时候，所有体形庞大的动物都是爬行动物，不仅包括恐龙，还有它们的近亲，
比如会飞的翼龙。那时的哺乳动物大多体形很小。体形小且在夜晚觅食的习性，
使得它们避开了危险的恐龙。

由哺乳动物接管

6600万年前，许多哺乳动物在毁灭恐龙的大灭绝中幸存了下来。
它们由于体形较小，因而不需要太多的食物就能活下来。
它们通常生活在洞穴中，因而在小行星撞击产生的
热浪中逃脱了。
后来，这些幸存的哺乳动物演化并分支形成了许多其他物种，
填补了一些曾经由爬行动物占据的生态位。

可爱、毛茸茸的大带齿兽
是最早的哺乳动物之一。它有大约10厘米长，
可能以昆虫和其他小型猎物为食。

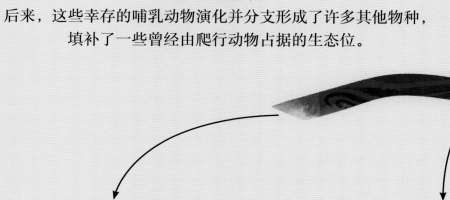

60 MYA
一些哺乳动物演化成了有蹄类食草动物。
它们是现生动物如马、鹿、河马和长颈鹿的祖先。

55 MYA
食肉哺乳动物演化出现。
它们变成了狼、老虎和熊之类的动物。

53 MYA
有着坚韧翅膀的飞行哺乳动物
演化出现——蝙蝠出现了。

回到水中

起初，所有的哺乳动物都是陆生动物。但是在约5200万年前，
一些哺乳动物群体回到了水中，并演化出了适合在水里生存的特征。
在演化过程中，它们的腿缩小变成了鳍状肢，或直接消失。
演化可以使一些特征缩小或消失，也可以产生新的特征。

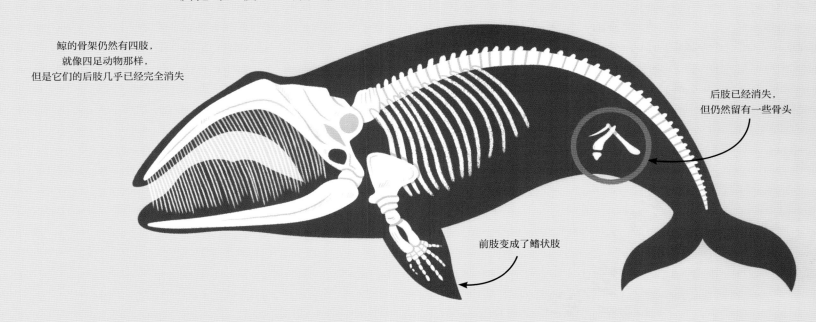

鲸的骨架仍然有四肢，
就像四足动物那样，
但是它们的后肢几乎已经完全消失

后肢已经消失，
但仍然留有一些骨头

前肢变成了鳍状肢

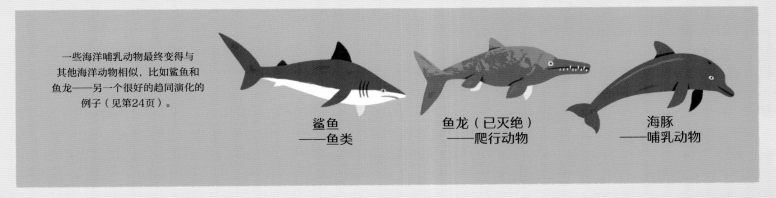

一些海洋哺乳动物最终变得与
其他海洋动物相似，比如鲨鱼和
鱼龙——另一个很好的趋同演化的
例子（见第24页）。

鲨鱼
——鱼类

鱼龙（已灭绝）
——爬行动物

海豚
——哺乳动物

巨型哺乳动物

大地懒：
6米长

大地懒是一种巨大的树懒，
在1000万年前演化出现。

现在的二趾树懒：
60—70厘米长

一些史前哺乳动物比它们的现代亲缘物种要
大得多。它们演化出巨大的体形可能是为了
保护自己不受捕食者的伤害，同时在
冰河时期的最后一段时间里保持体温，
那时的地球要比现在冷得多。
但在食物短缺的时候，体形较大的动物
更有可能灭绝，这也许可以解释为什么
这些巨型哺乳动物现在已经不存在了。

人类登场

恐龙灭绝后，一群新的哺乳动物演化出现。它们是灵长类动物（primates），
"primates" 的意思是"领导者"。19世纪的科学家之所以这样称呼它们，
是因为它们包括了当时被视为"最高级"或最先进生物的黑猩猩和人类。
今天，灵长类动物包括狐猴、猴和猿。

人类是怎样演化的

人类真的是所有生物中最高等的吗？其实演化并不是变成"更高级"
或者更特殊的过程。它只是让物种适应它们的环境。
然而，事实证明人类是不同寻常的。我们拥有所有已知物种中最强的大脑，
并且我们是唯一拥有复杂文化、艺术、技术以及书面语言的生物。

最早的灵长类动物出现在5500万年前，当时一些小型的、
有毛的哺乳动物演化成在树上生活的动物。它们演化出了像手一样的脚来抓握树枝，
和朝向前方的眼睛。在1300万到700万年前的某个时候，猿分成了两个不同的分支。
其中的一个演化成了黑猩猩，另一个则演化成了人族（人类及其祖先）。

原康修尔猿

25 mya

原康修尔猿（Proconsul）长得像猴子，
但也有猿的特征——没有尾巴，
有强壮的手和略像人类的脸。

阿喀琉斯基猴

55 mya

阿喀琉斯基猴（Archicebus）是早期灵长类
动物，长得与现代猴子相似，并演化成了早
期的猴子。

南方古猿

4 mya

早期的人族，
如南方古猿（Australopithecus），
演化为能用两条腿走路，
并且生活在地面上。

人科

从早期的人族如南方古猿（*Australopithecus*）开始，人类的系谱树便发展起来，
并且可能是从非洲开始的。其中一个分支在30万到20万年前演化成了智人（*Homo sapiens*），
也就是现代人类。我们知道地球上曾出现过几种人类，但我们不确定他们是如何联系在一起的。
虽然现在地球上只有一种人类，但在3.5万年前，却生活着不同的人类物种，
并且他们之间有时还有互动。想象一下如果遇到了其他种的人类你会有什么样的感受！

能人（*Homo habilis*）

2.1 mya到1.5 mya

使用石器并且以肉为食。

海德堡人（*Homo heidelbergensis*）

60万到20万年前

可能是现代人类和尼安德特人的祖先。

直立人（*Homo erectus*）

180万到14万年前

可能是第一批离开非洲的早期人类，
以狩猎采集为生。

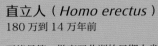

尼安德特人（*Homo neanderthalensis*）

30万到3.5万年前

与我们亲缘关系最近的早期人类，
是熟练的工具制造者和猎人。

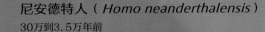

佛罗勒斯人（*Homo floresiensis*）

10万到5万年前

在印度尼西亚的一个岛上发现的
非常矮小的"霍比特人"。

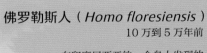

为什么我们不是毛茸茸的？

看看我们的近亲——黑猩猩和大猩猩，你会发现它们身上的毛比我们多得多！
随着人类的演化，我们失去了浓密的体毛。以下几种理论对此进行了解释：
·它有助于摆脱携带疾病的虱子和跳蚤。
·它有助于我们在狩猎时散热。
·它有助于我们在水里游泳和抓鱼。

智人（*Homo sapiens*）

30万～20万年前到现在

现代人类拥有复杂的大脑、
先进的语言、艺术和文化。

露西

从数百个出土的化石中，我们已经发现了很多关于人类如何演化的线索。

其中，最引人注目的化石是1974年在东非的埃塞俄比亚，

两位古生物学家发现的一具曾生活在320万年前的人族骨骼化石——露西。

"露西"不是目前发现的最古老的人族化石，但她是最完整的古人类化石之一。

重建露西

古生物学家发现的露西骨骼碎片占完整骨架的40%。

这听起来可能不多，但实际上却是一个惊人的发现。

通常发现的古人类化石都只有骨骼的一小部分，比如一块肋骨或下颌骨。

根据猿类的身体对称，我们可以推测出骨骼大致的样子。

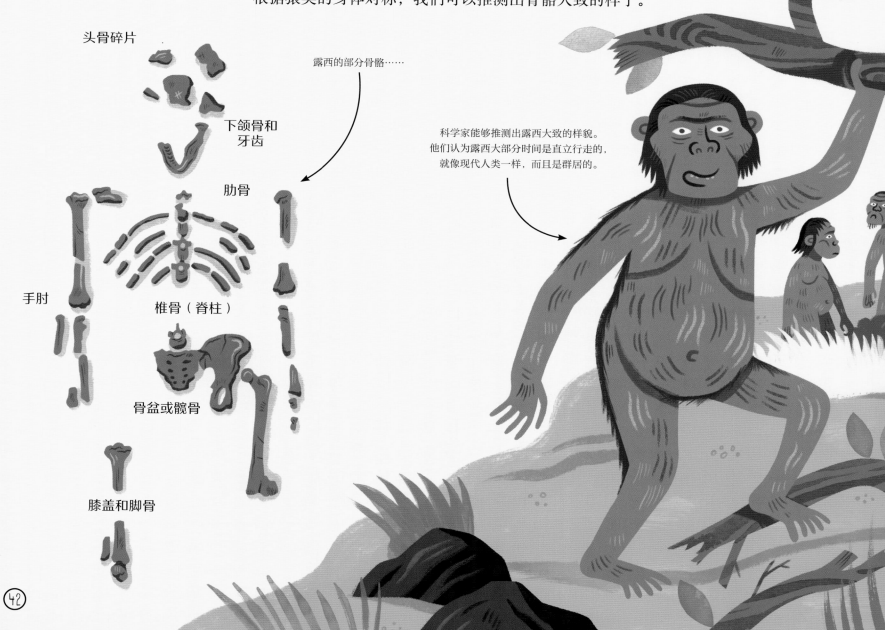

头骨碎片

下颌骨和
牙齿

露西的部分骨骼……

肋骨

手肘

椎骨（脊柱）

骨盆或髋骨

膝盖和脚骨

科学家能够推测出露西大致的样貌。
他们认为露西大部分时间是直立行走的，
就像现代人类一样，而且是群居的。

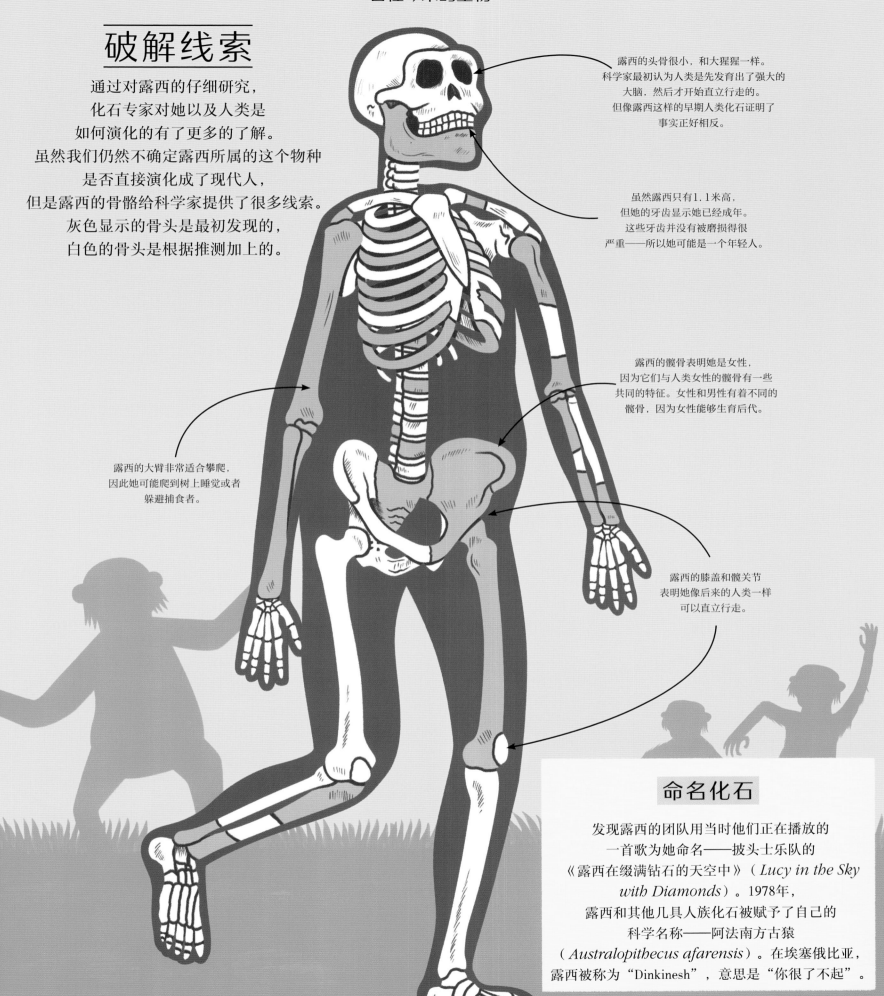

破解线索

通过对露西的仔细研究，
化石专家对她以及人类是
如何演化的有了更多的了解。
虽然我们仍然不确定露西所属的这个物种
是否直接演化成了现代人，
但是露西的骨骼给科学家提供了很多线索。
灰色显示的骨头是最初发现的，
白色的骨头是根据推测加上的。

露西的头骨很小，和大猩猩一样。
科学家最初认为人类是先发育出了强大的
大脑，然后才开始直立行走的。
但像露西这样的早期人类化石证明了
事实正好相反。

虽然露西只有1.1米高，
但她的牙齿显示她已经成年。
这些牙齿并没有被磨损得很
严重——所以她可能是一个年轻人。

露西的髋骨表明她是女性，
因为它们与人类女性的髋骨有一些
共同的特征。女性和男性有着不同的
髋骨，因为女性能够生育后代。

露西的大臂非常适合攀爬，
因此她可能爬到树上睡觉或者
躲避捕食者。

露西的膝盖和髋关节
表明她像后来的人类一样
可以直立行走。

命名化石

发现露西的团队用当时他们正在播放的
一首歌为她命名——披头士乐队的
《露西在缀满钻石的天空中》（ *Lucy in the Sky with Diamonds*）。1978年，
露西和其他几具人族化石被赋予了自己的
科学名称——阿法南方古猿
（ *Australopithecus afarensis*）。在埃塞俄比亚，
露西被称为"Dinkinesh"，意思是"你很了不起"。

43

第 3 章

系谱树

你可能看过你的家谱图，上面有你，你的父母、祖父母、
堂亲和其他亲属。它显示了每个人和其他人之间的关系，
人与人之间是用线条或"树枝"连接起来的。

然而，你并不是只和你的堂亲、祖父母和姑姑有亲缘关系。
你还和其他的动物有着亲缘关系，比如黑猩猩和大猩猩，
还有宠物猫、龙虾、牛、蟒蛇、秃鹰，甚至是卷心菜。
事实上，地球上的所有生物都同属于一个庞大的家庭。
如果你把你的家谱图追溯得足够久远，即家谱最开始的地方，
你会发现所有的动物、植物和其他的生命形式都起源于相同的祖先——
最初出现在地球上的、微小的、肉眼无法看见的生物。

一个大家庭

科学家认为所有的物种都是从一种早期的单细胞生物演化而来的。

如果这是真的，就意味着地球上出现的第一个生命是你的曾曾曾……（数百万个"曾"）祖父（母）！

这个生物被称为最后普遍的共同祖先（Last Universal Common Ancestor）——英语简称为"LUCA"。

简单的开始

一切生物都是由同一种生命形式发展而来，这种观点由来已久。一些科学家在18世纪就提出了这个观点。

达尔文在1859年撰写《物种起源》一书时，同意了这种观点，书中写道："……源自如此简单的一个开始，无穷无尽的最美妙的生命形式之前以及现在一直在演化着。"

近来，科学家研究了不同生物的DNA，发现所有已知的物种都有相似的DNA模式。

这意味着我们很可能是从同一个细胞演化而来的。随着细胞和物种的繁殖演化，

它们复制了自己的DNA，并将这些模式传递了下去。

单细胞

第一个细胞的DNA模式被
复制到所有从它演化而来的生物中。

你是半个卷心菜!

你和其他生物有很多相同的DNA。
例如，人类的DNA大约有50%与
卷心菜的DNA相匹配。
右图显示了人类与
一些其他生物的DNA相似性。

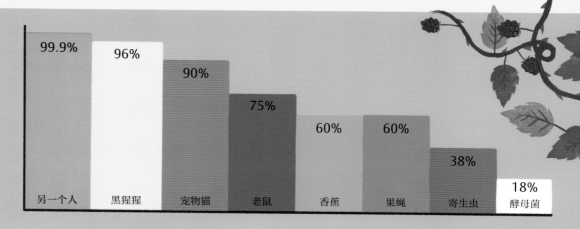

另一个人	黑猩猩	宠物猫	老鼠	香蕉	果蝇	寄生虫	酵母菌
99.9%	96%	90%	75%	60%	60%	38%	18%

家族特征

演化时，人类并不是从最初的生命直接演化出所有的身体部位和功能。
人类的很多特征在早期的生物中就已经出现了。例如，约3.95亿年前，
当鱼迁移到陆地上时，它们演化出了四肢。从那时起，人类所有的祖先都有四肢。
眼睛的出现就更早了，现今大多数的动物都有眼睛。

当演化时，一个物种有时会发展出一个新特征。
通常，这个特征会与已经存在的特性相适应。
例如，在人类的演化过程中，我们的头骨和大脑变大，然后腿变长。

事实上，大多数脊椎动物（有脊椎的动物）都有相同的基本身体构造。
尽管有些骨骼可能形状不同，
但我们通常能在其他脊椎动物的骨骼中找到与人类骨骼相对应的部分。

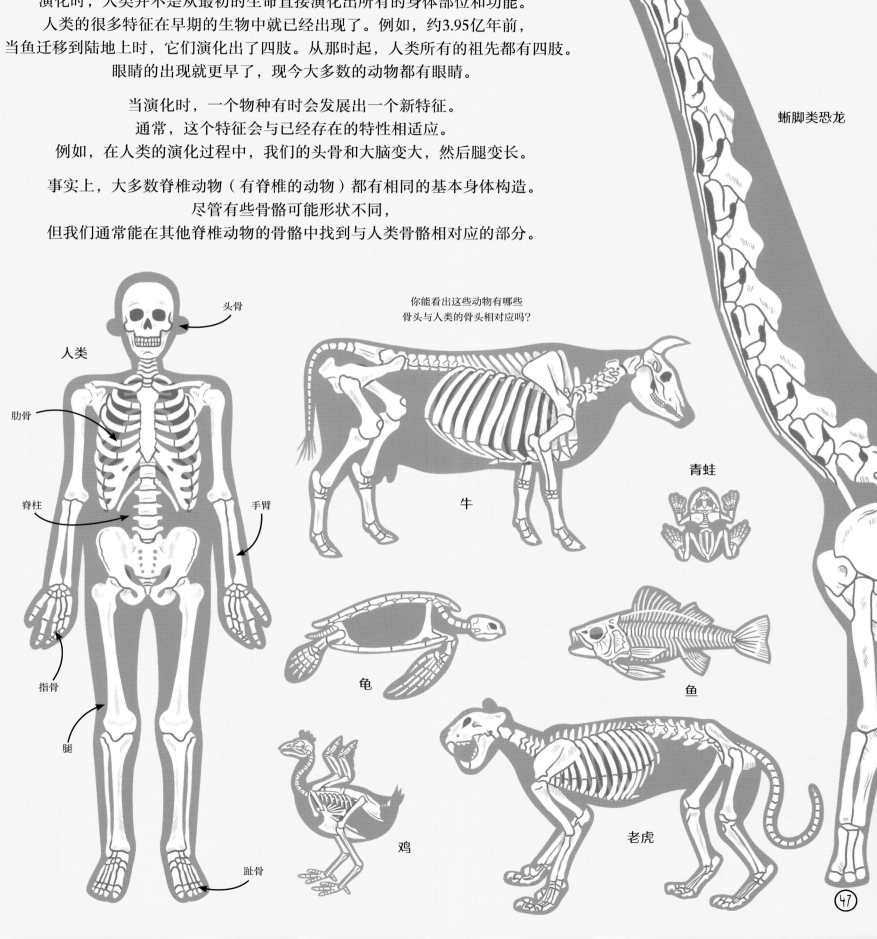

蜥脚类恐龙

你能看出这些动物有哪些
骨头与人类的骨头相对应吗？

头骨

人类

肋骨

脊柱

手臂

指骨

腿

趾骨

牛

青蛙

龟

鱼

鸡

老虎

47

共同的特征：手

看一下猴子、老鼠，以及猫或狗，你会发现它们有类似于人类手或手指的身体部位。
这些结构在脊椎动物演化的早期就出现了。

什么是手？

手是位于前肢末端的一组手指。我们通常只在人类和其他有类似手的结构的
动物中称它为"手"，如猿、猴子、考拉和熊猫等；
但很多其他动物都有像手这样的基本结构。有些动物的手指多于5根，
如鼹鼠每只"手"上有6根手指；有些动物则少于5根，如鸟类只有3根。

所有这些动物都有类似手的结构，尽管它们在演化过程中看起来非常不同。
有时，只有看动物的骨骼你才能清楚地看到它们的"手"。

人类的手

对于人类来说，手是人类演化的重要组成部分。
我们的手强壮、灵活，功能很多。
我们可以用手来捡拾、
抓握、投掷、拉扯、写字、画画和交流，
发明、制作和建造我们需要的东西如衣服、
工具、房子和小器具，帮助我们生存。

我们的手有对向拇指，
意思是拇指与其他手指相对。
这让手有很强的抓握力。

海龟的鳍状肢

棱皮龟的鳍状肢骨骼仍然
保留了手和手指的部分。

从前肢到翅膀

鸟类的前肢演化成带有3指的细长翼骨。
鸟类通过活动它们的肘部、
手腕和手指来折叠、展开和控制翅膀。

翼手

蝙蝠的手指演化成了细长的
骨头来支撑它们的翅膀。
蝙蝠可以把手指展开或合拢来打开或折叠翅膀。

迷你手

老鼠的手看起来像小小的人手。
它们经常坐起来，
像人一样用"手"拿东西。

海獭的爪子

海獭的前爪有5根"手指"，非常灵巧。
它们会把石头当工具来敲开贝类。
海獭睡觉时，会手拉着手，这样它们就不会在水里散开。

看，没有手！

无脊椎动物没有像人骨一样的骨头，
也没有手——但一些无脊椎动物演化出了
其他的方式来拾起和抓握东西。

章鱼的腕足可以缠绕物体，
而且上面覆盖着吸盘，
可以帮助它们抓住猎物。

螃蟹有强有力的螯，
可以抓住并打开贝壳。

达尔文的涂鸦

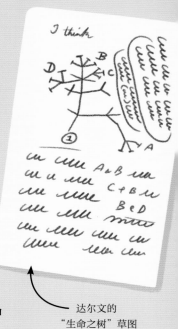

查尔斯·达尔文在研究演化论时，把自己的想法记在了一系列笔记本上。
笔记中有一幅著名的草图——"生命之树"。
这幅图展示了向不同方向分裂和分支的线。这些线有分支，
而这些分支也有分支，依此类推——看起来就像一棵树。

达尔文的
"生命之树"草图

达尔文在1837年画了这个涂鸦，当时距离他的理论发表还有很多年。
这张草图显示，那时他对于演化如何发生以及一个物种如何演化形成多个物种
已经有了重要发现。所有的生命都是从同一个生命开始的，
新物种一次又一次产生新的分支，并不是"树"上所有的分支都在继续生长：
有些物种灭绝了。但通常情况下，当一个物种演化形成两个物种时，
两个物种都会继续演化，形成不同的生物群体。

现代马

马（*Equus*）

X

上新马
（*Pliohippus*）

X X X

X

X

X

X

草原古马
（*Merychippus*）

X

副马
（*Parahippus*）

中新马
（*Miohippus*）

X

渐新马
（*Mesohippus*）

X

X

山马
（*Orohippus*）

X

X

始祖马
（*Hyracotherium*）

共同的祖先

这幅图显示了马的演化过程。
粉色的线表示现代马的祖先，
而白色的线表示灭绝的物种。
在底部，你可以看到所有的
物种如何从一个共同的
祖先分支产生。
你也可以看到这些物种是
如何随着时间的推移而
改变的——从一种狗一般大小的
动物到我们今天所知道的马。

所有的生物都在一棵树上吗?

科学家认为所有的物种都是从一个单细胞生物演化而来的。
如果这是正确的,那么整个演化过程就可以用一幅树形
图来表示。如果你把所有的细节都画出来,这棵树会十分巨大,
这样就可以显示数以百万计已经灭绝的和仍然存活的物种。
它远比一棵真正的树要复杂得多。

其他单细胞生物

细菌

多细胞生物

大多数生物
都是单细胞的。

动物是最复杂的
多细胞生物。

你可能认为如人类、猫、狗、鱼类和鸟类这样的脊椎动物
才是"正常"的生物。但是,就像生命之树所展示的那样,
它们只占生命之树的一小部分。
大部分的树枝都被单细胞生物如细菌和变形虫占据着。
科学家认为还有更多的单细胞物种有待人们发现。

哪个是哪个?

科学家根据生物的身体结构、能力、基因和DNA,把它们分成不同的类群。

这种整理过程称为分类。例如,鸟类有羽毛,但其他生物没有。

因此,如果一个动物有羽毛,它就被归类为鸟类。

越来越小的类群

瑞典医生和科学家卡尔·林奈在18世纪开创了生物分类系统。

生物被分为几个主要的类群,如动物、植物、真菌和细菌。

每个类群又可以分成小的类群,这些小类群又可以分成更小的类群,依此类推。

大的类群对应着生命之树中大的、主要的分支。

较小的类群就像细小的树枝,而末端的物种就像树上的一片叶子。

分类系统中使用了七个主要的等级,以"界"开始,以"种"结束。

界 动物界

门 脊索动物门
(具有脊索的动物)

纲 哺乳纲

目 食肉目
(从食肉物种演化而来的一类哺乳动物)

科 猫科

属 豹属

每个物种都有自己的科学名称,用拉丁文写成。这样世界上的所有科学家就都能认识这个名字,不管他们说哪种语言。

种 雪豹(*Panthera uncia*)

近源物种

除了属于整个"生命之树"以外，每个物种也有自己的系谱树，
由与它亲缘关系最近的物种即树上离它最近的分支组成。
科学家在研究生物时，会使用如下图这样的系谱树来展示动物之间的关系。
一个生物的近缘物种有时并不像你想的那样……

哪种动物是鲸和海豚的近亲？
你可以在这个系谱树上找到答案。

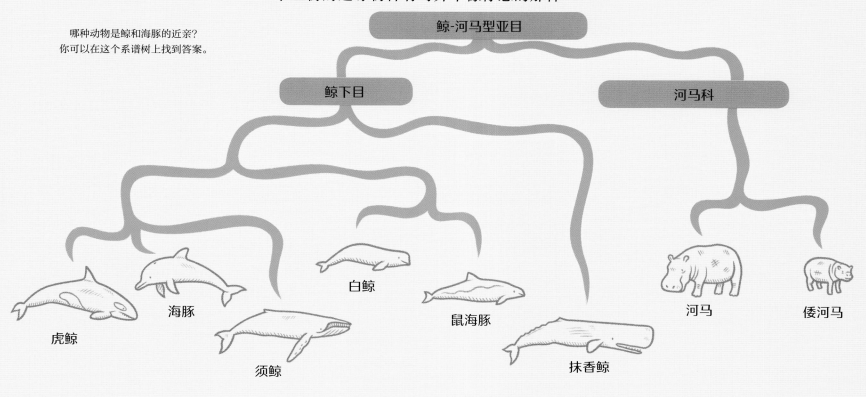

添加到树中

当生物学家发现一个新物种时，
必须确定这个物种在生命树中的位置，以及如何对它进行分类。
他们把新物种的特征与其他生物进行比较，
研究新物种的基因和DNA，看这个物种与其他哪些物种关系最密切，
然后把物种添加到正确的系谱树分支上。

拟态章鱼于1998年在印度尼西亚被发现。
它被添加到章鱼所在的"章鱼科"。

这种神奇的章鱼可以模仿
其他动物，比如有毒、有条纹的条鳎，
来吓跑捕食者。

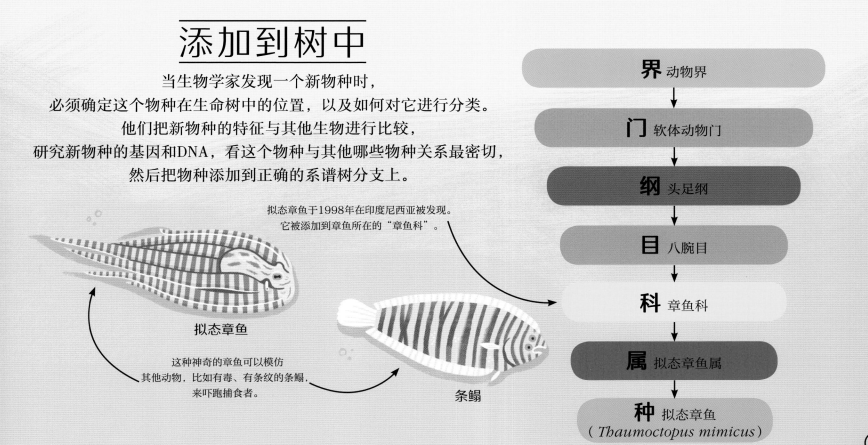

第 4 章

演化进行时

一些人很难相信，缓慢的、循序渐进的演化过程居然可以
产生一些令人难以置信的生物特征和功能。
演化如何形成章鱼、蜻蜓和人类所拥有的复杂的眼睛结构和
清晰的视觉能力？在地面上爬行或奔跑的动物如何演化成
有翅膀的飞行动物？人类如何从他们最早的祖先演化成
会思考、会说话的生物，并创造出从锤子、剪刀到炊具、
汽车和电脑这些各种各样的惊人事物？

虽然一切看起来好像不可思议，
但演化确实可以产生这些，
以及更多惊人的适应性变化。

眼睛的演化

从小小的苍蝇到目光敏锐的猛禽和人类，大多数动物都有眼睛。

我们的星球沐浴在离我们最近的恒星——太阳的光照下。

能看见光意味着生物能看见周围的物体，甚至是远处的物体。

眼睛让动物能够发现食物、寻找猎物、躲避危险以及寻找配偶。

眼睛是怎么演化的

在动物演化史的早期，
基础的感光器官出现了。
它们演化成了现在
不同类型的眼睛。

① 眼点

最简单的眼睛是眼点，
这是一种小小的光感受器。
有眼点的生物对光能十分敏感，
可以探测到明暗差异。

眼虫
（单细胞生物）

③ 原始晶状体眼

原始的晶状体眼有
一层弯曲的透明层覆盖在视孔上，
帮助动物看得更清楚。

海蜗牛

② 眼腔

比眼点更复杂的是眼腔，
它的光感受器位于一处凹陷的底部。
这样来自侧面的光线被遮挡，
动物可以更好地看清事物。

帽贝

⑤ 镜头样晶状体眼

原始的晶状体眼演化成为人眼这样的镜头样晶状体眼。
它们将光线折射并聚焦在眼睛后部的感光视网膜上，
形成清晰的图像。

章鱼演化出了与人眼不同的镜头样晶状体眼。

④ 复眼

复眼是由许多晶状体眼组成的。
家蝇和蜻蜓有大而复杂的复眼，
包含数千个晶状体眼。

章鱼

人类

蜻蜓

有几只眼睛?

许多动物有两只眼睛, 这给了它们三维视觉。
由于每只眼睛看东西的角度略有不同,
因而大脑可以计算出物体之间的距离以及物体的移动速度。

蜘蛛最多可以有 8 只眼睛。
这只狼蛛有两只用来看东西的
大眼和 6 只用来感知
运动的小眼。

海湾扇贝有 100 多只明亮的蓝眼睛。
它们就像镜子一样,
将光线投射到扇贝感光的视网膜上,
帮助扇贝看见周围漂浮的
微小食物。

巨大的眼睛

巨大的眼睛可以使动物拥有广阔的视野,
或者帮助动物在光线微弱时, 比如在夜晚或者在深海中看清物体。

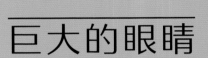

鸵鸟的眼睛直径有5厘米长,
是所有陆生动物中最大的。
这能让它看到远处的捕食者。

动物界最大的眼睛属于大王酸浆鱿。
它的眼睛直径可达25厘米, 比足球还要大。

眼镜猴生活在东南亚的热带雨林中,
是一种夜行性动物。
它的眼睛凸起, 几乎和它的大脑一样大。

感光

植物没有眼睛, 但它们的
茎和叶上有光感受器。
这使得它们能够探测到
光并朝着光生长。

飞入空中

几千年来，人类羡慕地看着会飞的动物，希望自己也能飞。

现在我们也可以飞了，因为我们有能力发明飞行工具，如飞机和热气球。

但是人类不能像鸟类、蜜蜂或蝙蝠那样自己飞行。这些动物是如何演化出飞行能力的呢？

四种飞行动物群体

看看蝙蝠、鹰和蚊子，你会发现它们的翼（或翅膀）非常不同，它们以不同的方式飞行。

这是因为飞行能力在不同的动物群体中分别演化。

今天所有的飞行动物并不是由同一种早期飞行动物演化而来的。

相反，它们经历了四种不同的演化：

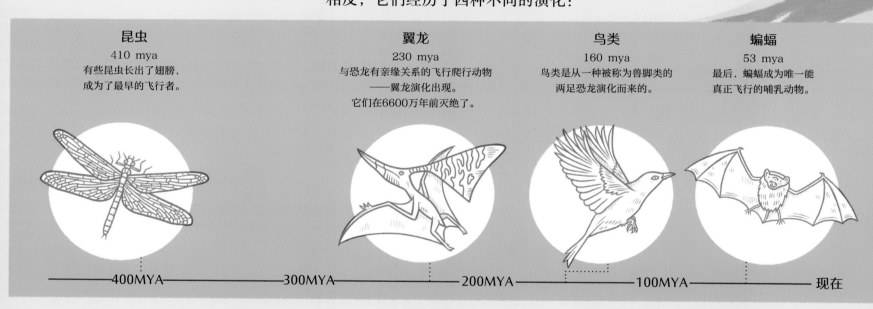

昆虫
410 mya
有些昆虫长出了翅膀，成为了最早的飞行者。

翼龙
230 mya
与恐龙有亲缘关系的飞行爬行动物——翼龙演化出现。它们在6600万年前灭绝了。

鸟类
160 mya
鸟类是从一种被称为兽脚类的两足恐龙演化而来的。

蝙蝠
53 mya
最后，蝙蝠成为唯一能真正飞行的哺乳动物。

———400MYA———300MYA———200MYA———100MYA———现在

- 最早的飞行者 -

昆虫在很久很久以前就演化出了飞行能力，但是没有足够的昆虫化石可以解释这一切是如何发生的，所以对科学家来说，这仍然是个谜。被普遍接受的理论是早期的昆虫翅膀由大鳃演化而来，现在我们仍然可以在一些水生昆虫身上看到鳃。

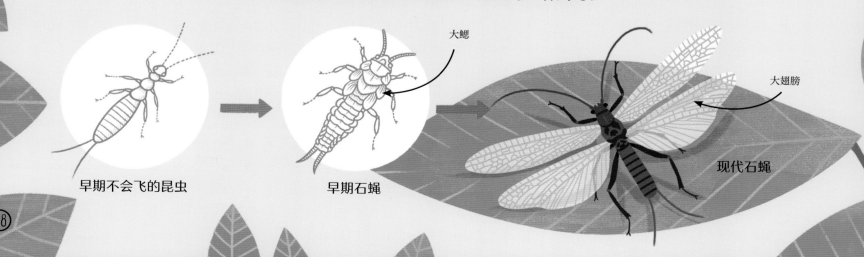

大鳃

早期不会飞的昆虫

早期石蝇

大翅膀

现代石蝇

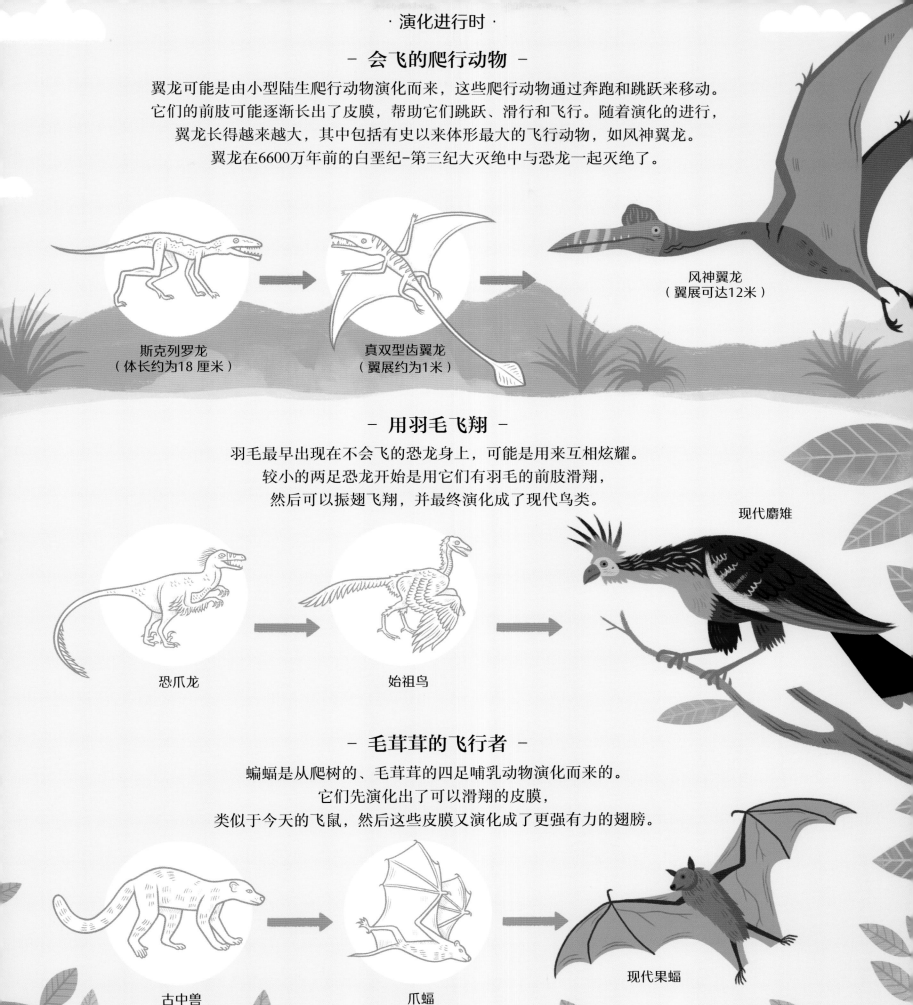

·演化进行时·

– 会飞的爬行动物 –

翼龙可能是由小型陆生爬行动物演化而来，这些爬行动物通过奔跑和跳跃来移动。
它们的前肢可能逐渐长出了皮膜，帮助它们跳跃、滑行和飞行。随着演化的进行，
翼龙长得越来越大，其中包括有史以来体形最大的飞行动物，如风神翼龙。
翼龙在6600万年前的白垩纪-第三纪大灭绝中与恐龙一起灭绝了。

风神翼龙
（翼展可达12米）

斯克列罗龙
（体长约为18厘米）

真双型齿翼龙
（翼展约为1米）

– 用羽毛飞翔 –

羽毛最早出现在不会飞的恐龙身上，可能是用来互相炫耀。
较小的两足恐龙开始是用它们有羽毛的前肢滑翔，
然后可以振翅飞翔，并最终演化成了现代鸟类。

现代麝雉

恐爪龙

始祖鸟

– 毛茸茸的飞行者 –

蝙蝠是从爬树的、毛茸茸的四足哺乳动物演化而来的。
它们先演化出了可以滑翔的皮膜，
类似于今天的飞鼠，然后这些皮膜又演化成了更强有力的翅膀。

古中兽

爪蝠

现代果蝠

植物和传粉者

数百万年以来，一些植物和动物一起演化来帮助彼此生存。
这是非常好的协同演化的例子，在这个过程中两种生物以对彼此都有利的
方式一起演化。

起源

约4亿年前，第一批种子植物演化出现。
为了产生种子，植物雄性生殖细胞，即花粉发育出的精细胞，
需要与植物雌性生殖细胞结合在一起。花粉落到雌蕊柱头上的过程被称为传粉。
起初，花粉通过风在植物间传播，但随着时间的推移，
植物也开始通过昆虫传粉。

如果昆虫落在一株植物上，那么它的身上可能会粘到花粉。
当这只昆虫落在另一株植物上时，它身上的花粉便可能会留在那里，
通过这种方式，昆虫便可以为植物传粉。这促使植物不断演化出吸引昆虫的特征。例
如，如果一种植物能提供食物，就会有更多的昆虫来访并给它们传粉。
这个物种就可以产生更多的种子，繁衍更多的后代。

随着时间的推移，植物演化出了不同的花形、花色、
气味以及其他可以吸引动物的特征，比如产生甜甜的花蜜。
食用花蜜的蜜蜂是特别重要的传粉者。

工蜂访问花朵采集花蜜和花粉。
它们用花蜜制造蜂蜜，
并用花粉喂养它们的孩子。

花的雄蕊产生花粉。

蜜蜂采集花粉装到腿上，
同时更多的花粉会粘在它们的毛上。

当蜜蜂四处移动时，
一些花粉会落到其他花的雌蕊柱头上，
并完成传粉。

传粉伙伴

蜜蜂不是唯一的传粉者。
还有许多昆虫和其他动物也会与植物协同演化。

红喉蜂鸟吃红花半边莲的花蜜,
并为它们传粉。

丝兰蛾在丝兰花中产卵,
并为它们传粉,使它们能结出种子。
幼虫(蛾宝宝)会吃掉一些种子,
但将其余的留下。

吃花蜜的蝙蝠为夜间开花的仙人掌传粉。
这些仙人掌在夜间开花,花朵又大又白,
有着浓烈的香味,吸引蝙蝠到来。

上当了!

巨大的大王花由大型蝇类传粉。
大王花会发出腐肉的气味来吸引苍蝇。
苍蝇被这气味欺骗,落在花上。
尽管当它们没有找到想要的
食物时就会离开,
但那时它们已经给植物传过粉了。

我们最好的朋友

在现代人类出现之前，像拉布拉多犬、贵宾犬和梗类犬这样的狗是不存在的。

宠物狗其实是一种已经演化并适应了与人类一起亲密生活的狼。

交朋友

在史前时期，狼是人类的敌人。

它们对于人类来说会很危险，并且它们捕食人类赖以为生的动物，比如鹿。

因此人们有时可能会杀死狼，或者把它们吓跑。

大约在3万至4万年前的某个时候，一些狼与人类的关系开始变得更加紧密。

没有人能确定这是由狼进入人类聚居地开始的，

还是由人类捕捉狼并试图训练它们开始的，也许两者都是，

人类和狼都从这种关系中受益。

- 对狼有益 -

如果狼跟随人类，它们就不用去捕食，
而会取食人类村庄周围的骨头和
其他废弃食物。

可怕的、好斗的狼会被赶走，但友善、
亲切的狼可能会被允许留下。

- 对人类有益 -

通过观察狼，人类可以学习如何
追踪猎物和成群狩猎。

也许因此人类会逐渐开始与狼群一起狩猎，
并选择最友善的狼作为狩猎伙伴。

在村庄里，狼可以被用来清理废弃物，或者
清除老鼠等对人类有害的动物。

真正友好的狼可能会依偎在人类身边，
给他们取暖。最终，人类欢迎
友好的狼进入他们的家中。

演化为狗

当某一种特征帮助一个物种生存的时候，演化就发生了。
对于与人类生活在一起的狼来说，
有用的特征是：
- 亲切友好
- 擅长狩猎
- 善于学习

人类会保留有这些特征的狼，并帮助它们繁殖。
随着时间的推移，与人类一起生活的狼演化成了友爱、
忠诚的宠物狗。人类选择具有特殊特征（如嗅觉灵敏或皮毛防
水）的狗进行培育，驯化出了许多不同品种的狗。

一起工作

人类和狗一起演化了上万年，因此有着如此密切的关系。
除了成为同伴，我们还训练狗协助我们做各种工作，例如引导盲人、
帮助警察、放牧牲畜以及寻找地震幸存者等。

狗能理解我们的
语言和信号。

工作犬可以
帮助人类。

我们能理解它们的
叫声和动作，比如摇尾巴。

人类和他们的狗都
可以感受到彼此的爱与关怀。

神奇的大脑

想想你现在在做什么。看着书上的词句，识别它们，并思考它们的意思。

据我们所知，人类是唯一能做到这些的生物，

这是因为我们有超级强大的大脑，它是最神奇的适应特征之一。

大脑的力量

生物演化出帮助它们生存的特征，比如大大的爪子、

锋利的刺或飞翔能力。

人类也是一样，但我们最有用的特征是我们的智慧。

我们已经演化成为能靠聪明才智和团结合作来生存的动物。

这使得我们演化出了所有动物中最复杂的大脑。

我们用大脑来感知周围的环境、控制我们的身体、理解事物、

做决定和思考、存储信息以及记忆。

我们还可以交谈，这帮助我们交流知识和想法。

人类的大脑有大约900亿个脑细胞，
并有数万亿个连接将它们彼此联系起来。

使用工具

当早期人类开始用两只脚走路时，

他们的手得以腾出来制作、使用工具。

擅长制造工具给他们带来了生存的优势，

而群居也有助于分享、交流想法。

200万年前，早期人类中的能人
使用石器对大型动物进行剥皮和屠宰。

猎人一起追踪并捕获猎物。

日益增长的大脑

自然选择青睐那些善于使用双手、能想出解决问题的办法和交流思想的聪明人。这样随着时间的推移，大脑变得体积更大也更有智力。

在数百万年的时间里，随着人类大脑体积的增大，人类的头骨也随之增大。

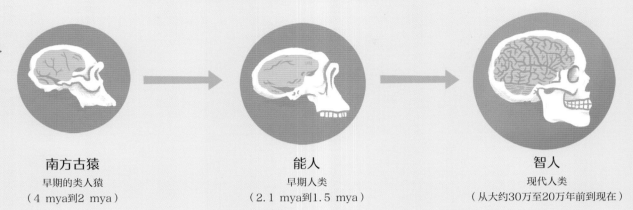

南方古猿
早期的类人猿
（4 mya到2 mya）

能人
早期人类
（2.1 mya到1.5 mya）

智人
现代人类
（从大约30万至20万年前到现在）

更强大的大脑帮助我们制作狩猎工具，
组织狩猎，捕获更多的食物——尤其是肉。
我们还学会了烹饪食物，让肉更容易咀嚼，
从而可以在同样的时间内吃下更多的肉。
这些额外的肉为我们提供了更多的蛋白质和能量，
从而使得大脑进一步演化，因为复杂的大脑需要大量的
蛋白质和能量来满足生长和工作的需要。
而且，随着大脑的演化，
脑部的一些区域变得更加复杂。

初级运动皮质，
控制手部微小、精细的运动

额叶，
用于计划、理解和想象

布洛卡区，
功能与文字和语言相关

大头?

人类可能很聪明，但我们的大脑并不是世界上体积最大的。
最大大脑属于抹香鲸，它的大脑有沙滩球那么大。
但就智力而言，比起大脑的大小，这些事情更重要：

脑部大小与身体大小的比例
人类的大脑比其他同等体形动物的
大脑大得多。

褶皱
大脑中负责思考的部分是外层，
也就是大脑皮质。褶皱越多，表面积越大，
脑细胞也就越多，
所以越聪明的动物，它的大脑褶皱越多！

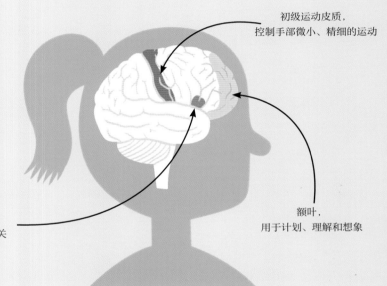

抹香鲸
8千克

猴子
0.5 千克

人类
1.5 千克

演化还在进行吗？

演化仍然发生在全世界的生物中，包括人类。
只要一个物种能够繁殖，并且个体之间存在差异，它就可以演化。

变化着的飞蛾

桦尺蠖是近期演化的一个著名案例。
桦尺蠖的翅膀有颜色较浅和较深的差别。
在过去的几十年里，深色翅膀的基因变得越来越普遍，
这个物种也变得大多是深色的。
事情是这样发生的：

①
三百年前，大多数桦尺蠖都是浅色的。
在它们生活的白桦林中，
浅色翅膀使它们能够很好地进行隐藏，
从而免受捕食者的袭击。

②
尽管很罕见，但黑色的桦尺蠖也存在。
它们在白桦的映衬下显得格外醒目，
更容易被鸟类发现并吃掉。

③
在19世纪的欧洲，越来越多的煤被用作燃料。
煤烟使墙壁和树干变黑。
现在深色的桦尺蠖要比浅色的更容易伪装。
浅色的桦尺蠖反而更容易被鸟类捕捉。

④
更多的深色桦尺蠖存活下来，
并将它们的基因传递下去，
这样，这个物种大部分都变成了深色的。

演化中的人类

人类成长和生育所需的时间比飞蛾长得多，因此我们的演化速度更慢。
但是，科学家可以通过研究我们的基因来发现变化是如何发生的。
研究结果表明我们在通过很多方式演化着。

喝牛奶

婴儿用一种叫作乳糖酶的
人体化学物质来消化母乳。
很久以前，早期人类的身体在儿童时期就停
止了制造乳糖酶。
但当人们开始养殖牛等产奶动物时，
能够消化乳制品成为一种优势。
渐渐地，在普遍养殖产奶动物的地区，
大多数人演化成为成年后也能合成乳糖酶，
因而可以喝动物的乳汁。

智齿

智齿是长在口腔后部的大的咀嚼齿。
很多人的嘴里没有足够的空间让它们生长，
必须将它们拔掉。然而对于早期人类，
智齿能帮助他们咀嚼生的食物来获取营养。
现在，我们主要吃熟食和方便食品，
不需要智齿就能生存。
因而我们的嘴正在演化得越来越小，
有些人现在根本不长智齿。

保护性基因

在有许多人死于疟疾的地方，
保护人类免于感染这种疾病的基因变得越
来越普遍。自然选择使得那些偶然拥有这
种有用基因的人活得更久，
继而产生后代，并把这种基因传递下去。

跖肌

腿部的跖肌用来帮助弯曲双脚。
因为有些动物用脚抓东西，
但现代人类一般不需要这个功能。
因而人类现在已经开始朝着失去这块
肌肉的方向演化，
大约有10%的人出生时就没有跖肌。

人类的未来

科学家认为，在未来，人类可能会向不同的方向演化：
· 随着海平面的上升，地球上的水越来越多，
人类可能会更擅长游泳和屏住呼吸，
可能会演化出蹼状的手指和脚趾。
· 人类可能不再有这么发达的肌肉，
因为在现代世界中，生存不需要那么多的肌肉力量。
· 人类的身体可能会演化得更适于分解糖分，
因为糖是现代饮食的重要组成部分。

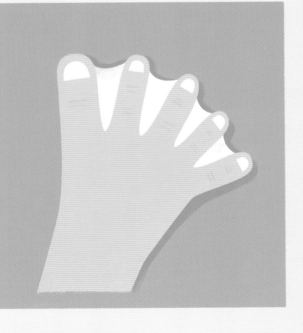

奇妙的适应
事实档案

许多世纪以来，动物和植物都已经发展出了迷人的演化特征。
在这一部分，我们可以来看看下面这些例子：

- 微生物 -
微生物很小，通常是单细胞生物，只有在显微镜下才能被看到。
地球上最早出现的生命是单细胞生物；
今天，地球上有成千上万种细菌和其他微生物，
其中许多是可以感染其他生物并导致疾病的病菌，但也有一些是有益的。

- 植物 -
这种生物利用光能制造食物并生长，这个过程被称为光合作用。
由于植物不需要捕猎或寻找食物，因此它们大多待在一个地方或扎根于土壤中。
植物对地球上大多数动物来说是至关重要的。
它们为食草动物提供食物，食草动物又为食肉动物提供食物，
没有植物，就肯定不会有人类。

- 真菌 -
虽然有时真菌被视为植物，但它们其实是另一类生物，它们不需要光就能生存。
但是它们从其他活的或死的生物中获得营养并生长。
食用蘑菇和毒蕈是真菌，但真菌还有许多其他类型，包括霉菌和酵母菌。

- 无脊椎动物 -
没有脊柱的动物被称为无脊椎动物。
通常，它们没有骨头，部分物种有壳，或者有一种叫作外骨骼的坚硬外皮。
它们当中有许多体形较小的动物，如昆虫、蠕虫和蜗牛。
但是有些无脊椎动物可以长得很大，尤其是海洋生物，例如水母和乌贼。

- 鱼类 -

几乎所有鱼类都生活在水中，并且有鳃，可以在水下呼吸。
它们是脊椎动物，有脊柱和骨骼，用鳍游泳。

- 两栖动物 -

两栖动物如青蛙、蟾蜍和蝾螈，在水中开始它们的一生。
但在孵化和长大之后，大多数两栖动物长出了肺，在空气中呼吸，
它们可以在陆地上生活一段时间，但回到水中产卵。

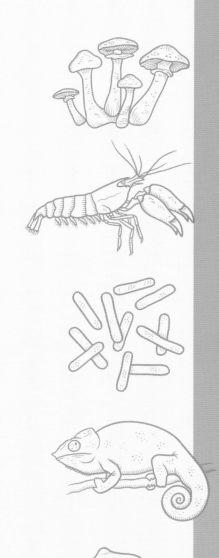

- 爬行动物 -

爬行动物长有鳞片，通常有四条腿，包括蜥蜴、龟和鳄。
现在已经灭绝的恐龙和翼龙也是爬行动物。
爬行动物大多是变温动物，
因此需要从周围环境中吸收热量来保持身体足够的温暖。
这就是为什么它们在寒冷地区不那么常见。

- 鸟类 -

所有脊椎动物中最常见的是鸟类。
它们长有羽毛，可以用翅膀捕捉和下压空气，
使自身获得升力得以飞翔，羽毛也能保暖。
鸟类还长有喙，它们产出的卵带有硬壳。
它们是恒温动物，这意味着它们的身体需要产生热量来维持正常体温。

- 哺乳动物 -

这类动物是恒温动物，通常长有毛。
它们当中有许多我们熟悉的动物，
例如狗、老鼠、大象和猴子，以及海洋哺乳动物如鲸和海豚。
哺乳动物用母乳喂养宝宝。

不可思议的微生物

肠道细菌

数十亿的细菌生活在人的大肠里。
肠道细菌与人类协同演化，以食物中的纤维为食，
并制造有助于维持人体健康的化学物质。

疟原虫

疟原虫是一种单细胞微生物，可以在蚊子体内生存，
能通过蚊子叮咬传给人类，
从而导致人类感染致命的疟疾。

流感病毒

病毒是一种极小的微生物，
已经适应了感染并生活在其他生物体内。
流感病毒会导致流行性感冒。

非凡的植物

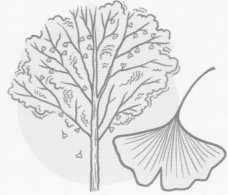

银杏（ *Ginkgo biloba* ）

银杏出现在2.7亿年前，是了不起的幸存物种。
有些银杏甚至在1945年日本广岛的原子弹爆炸中幸存下来。

蜂兰（ *Ophrys apifera* ）

这种神奇的兰花演化出了类似雌蜂的花朵。
这会把雄蜂吸引过来，有助于植物传粉。

北美红杉（ *Sequoia sempervirens* ）

这种巨大的常绿乔木比其他任何树木都长得高，
最高可达115米。它可以存活2000多年，
并且已经适应火灾，能在火灾后自我再生。

菟丝子（ *Cuscuta* ）

可怕的菟丝子已经演化出可以通过攀附其他植物
获取营养来生存的能力。它可以通过气味探测到
自己喜欢的植物，并向着它们生长。

竹子（ *Bambusoideae* ）

竹子是禾本科的成员，但可以长得十分高大。
有些竹子的生长速度非常快：
最多一天可以长高91厘米！

令人惊艳的真菌

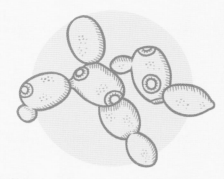

红笼头菌（*Clathrus ruber*）

这种神奇的毒蕈长得像一个红色的笼子或篮子。
它散发腐肉的臭味吸引苍蝇和甲虫，
这有助于传播它的孢子，长出更多的真菌。

奥氏蜜环菌（*Armillaria ostoyae*）

许多真菌成簇生长，并通过称为菌丝体的地下根状物相连。
在美国俄勒冈州，一株蜜环菌占据了9平方千米的土地，
被称为"巨型真菌"。

酿酒酵母（*Saccharomyces cerevisiae*）

用于制作面包的酿酒酵母是一种单细胞的真菌，
它们以糖为食。
酵母在分解糖时会释放出二氧化碳气体，
使面团膨胀。

惊人的无脊椎动物

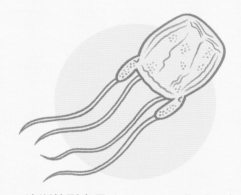

澳洲箱型水母（*Chironex fleckeri*）

澳洲箱型水母，或称"海黄蜂"，演化出了
所有动物中毒性最强的毒液。
箱型水母用毒液杀死猎物和防御捕食者。

水熊虫（*Tardigrada*）

微小的缓步动物是超级生存者，
它们对极寒、极热、饥饿、干燥、有毒物质、
核辐射乃至外太空的真空环境都具有惊人的抵抗力。

喜马拉雅跳蛛（*Euophrys omnisuperstes*）

这种小小的喜马拉雅跳蛛适应在海拔高达6700米的地方
生活，它可能是世界上栖息地所处海拔最高的动物。
它们吃从低山坡上吹来的昆虫。

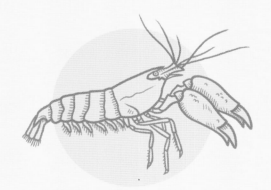

黑脉金斑蝶（*Danaus plexippus*）

在北美，每年都有数百万只黑脉金斑蝶长途迁徙，
回到曾孵化出它们曾曾祖父母的那棵树上，
但没人知道它们是如何找到回去的路的。

枪虾（*Alpheidae*）

小小的枪虾会突然紧扣高度适应环境的大螯，
发出海里最响亮的一种声音，
产生的声波冲击可以杀死或击晕小鱼。

普通章鱼（*Octopus vulgaris*）

普通章鱼已经演化出了在几秒钟内改变皮肤颜色、
纹理和形状的能力，这使它能够伪装成沙子、
岩石或海藻。

迷人的鱼类

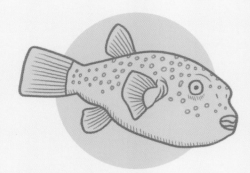

盲鳗（*Myxini*）

盲鳗演化出了一种有效防御捕食者的本领。
它可以释放化学物质使水变成黏液，
堵塞捕食者的嘴和鳃。然后，它把自己绑成一个结，
并使这个结沿着它的身体滑动，把身体上的黏液擦掉。

飞鱼（*Exocoetidae*）

飞鱼的胸鳍像鸟翼一样。如果遇到危险，
飞鱼会跳出水面，在空中快速飞行，
飞行距离可达400米。

白斑河豚（*Torquigener albomaculosus*）

雄性白斑河豚用身体在沙质海床上绘制圆形图案。
如果一条雌性白斑河豚喜欢这个图案，
她就会在那里产卵。这是一种性选择，
做出最好圆形图案的雄性，才有机会生育后代，
并将它们的基因传递下去。

大鳍后肛鱼（*Macropinna microstoma*）

奇特的大鳍后肛鱼长着巨大的管状眼睛，
它的眼睛可以向上或向前伸出，被头上透明的圆顶包围着！
这个透明圆顶在保护眼睛的同时，
可以帮助它们在捕食时扩大视觉搜索范围。

凹吻鲆（*Bothus mancus*）

凹吻鲆因为伪装能力而闻名。
它可以改变颜色，隐身到沙质的海床、岩石或珊瑚中。
在科学实验中，它甚至能隐身到黑白棋盘图案中。

海马（*Hippocampus*）

海马是鱼类，但演化出了直立的身体和像马一样的头部。
雌海马将卵产在雄海马身上的育儿袋里，
雄海马一直带着这些卵直到小海马孵化出来。

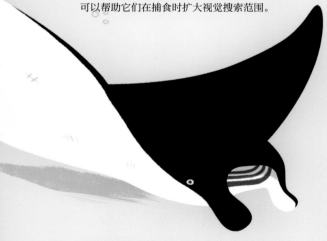

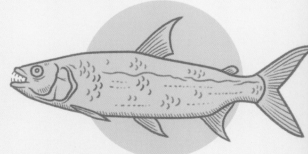

双吻前口蝠鲼（*Manta birostris*）

双吻前口蝠鲼的"翅膀"张开可达7米长。
尽管它们的体形如此之大，
但这些蝠鲼仍可以高高地跃出水面，
飞到空中，这可能是它们发送信号的一种方式。

南极冰鱼（*Channichthyiade*）

南极冰鱼生活在南极附近的冷水海域中。
它们看起来几乎是透明的，就连血液也是透明的，
因为它们的血液中没有红细胞。
科学家认为，这可能是偶然的基因突变造成的。

非洲虎鱼（*Hydrocynus*）

非洲虎鱼是一类生活在非洲河流和湖泊中的凶猛大鱼。
它们主要吃小鱼，
但有些已经具备跃出水面、
跳到空中捕捉鸟类的能力。

神奇的两栖动物

金色箭毒蛙（*Phyllobates terribilis*）

来自南美洲哥伦比亚的金色箭毒蛙，
是世界上毒性最强的动物之一。
和许多有毒的动物一样，它也演化出了警告色——对捕食者
发出警告的鲜亮颜色。

中国大鲵（*Andrias davidianus*）

这种生活在河流中的动物是世界上最大的两栖动物，
体形最大的个体身长可以达到1.8米。
它们吃体形较小的水生动物，
并演化出了通过皮肤感知猎物活动的能力。

睫眉蟾蜍（*Amietophrynus superciliaris*）

这种大蟾蜍生活在非洲中部的雨林河岸附近，
已经演化出了类似落叶的逼真伪装。

卓越的爬行动物

飞蛇（*Chrysopelea*）

在东南亚的森林里，
飞蛇利用它们身体腹面的脊状突起爬树，
然后通过展平的身体在空中滑翔。

海蛇（*Hydrophiinae*）

海蛇已经演化为在海洋中生活。
它们的尾巴呈桨状，便于在水中游动。
它们浮出水面呼吸空气。
一些海蛇，例如贝尔彻海蛇，有剧毒。

澳洲长颈龟（*Chelodina longicollis*）

澳洲长颈龟演化出了一条长长的蛇状脖子，
这条脖子甚至比它的身体还长。
它在寻找食物时先将长脖子卷曲在壳内，
然后迅速伸出捕获猎物。

湾鳄（*Crocodylus porosus*）

与大多数鳄鱼不同，
湾鳄已经适应在河口的咸水甚至海水里游泳。
这种"咸水鳄"会猎食鲨鱼、鹿、袋鼠、牛甚至老虎。

变色龙（*Chamaeleonidae*）

变色龙演化出了钳状的脚来抓住树枝，
长而黏的舌头可以突然伸出来捕捉猎物。
它们可以旋转眼睛获得360度的视野。

大壁虎（*Gekko gecko*）

大壁虎因为能在包括玻璃表面等几乎任何物体上攀爬而闻名。
它们长着大大的脚趾，脚趾上覆盖着数百万细小的绒毛，
这些绒毛使它们可以紧抓物体表面。

超凡绝伦的鸟类

鹤鸵（*Casuarius*）

驼鸟和鹤鸵等不能飞行的大型鸟类是与
爬行动物亲缘关系最近的鸟类。
庞大的体形和巨大、
有鳞的脚使鹤鸵看起来有点儿像两足恐龙，比如迅猛龙。

杜鹃（*Cuculidae*）

杜鹃演化出一种骗其他鸟替自己养育幼雏的能力。
它在其他鸟的鸟巢里产卵，再把那只鸟的卵从巢中推出去。
然后，当小杜鹃孵化出来以后，那只鸟会给它喂食，
即使它长得比喂养它的鸟还要大。

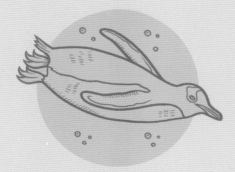

巴布亚企鹅（*Pygoscelis papua*）

企鹅是海鸟。
它们不会飞，它们的翅膀已经演化成鳍状肢，
就像水下的翅膀一样。
巴布亚企鹅的游动速度可以达到每小时35千米以上。

土耳其秃鹰（*Cathartes aura*）

这种鸟以动物的尸体为食，
演化出的光秃秃的头部可以帮助它们在不弄脏羽毛的情况下
进入尸体内部，而且在高温下有助于散热。

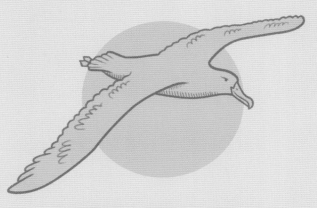

漂泊信天翁（*Diomedea exulans*）

这种巨大的白色海鸟有着所有鸟类中最长的翼展，
可达3.5米。细长的翅膀使它成为一个出色的滑翔者。
它可以在海上停留数月或数年，飞行数千千米寻找食物，
并在海面上休息。

琴鸟（*Menura*）

生活在澳大利亚的琴鸟因为可以模仿其他鸟、
其他动物甚至人类的声音而闻名。
雄鸟通过性选择演化出了这种能力。
最好的模仿者才有可能赢得雌鸟的喜欢。

大红鹳（*Phoenicopterus roseus*）

红鹳（火烈鸟）演化出了惊人的长而细的腿，
它们可以站在湖泊、河口、沼泽和潟湖的浅水里，
头朝下在水中觅食。

非洲灰鹦鹉（*Psittacus erithacus*）

非洲灰鹦鹉在学习人类语言方面具有极高的天赋。
一只名叫亚历克斯的鹦鹉学会了100多个英语单词，
还能理解数字和颜色。

斑胸草雀（*Taeniopygia guttata*）

斑胸草雀是来自澳大利亚和东南亚的鸣鸟。
年轻的雄鸟从它的父亲或其他成年雄鸟那里学习鸣叫，
并加入自己的变化，
因此叫声本身会随着时间的推移而演化。

令人惊叹的哺乳动物

长颈鹿（ *Giraffa* ）

长颈鹿演化出长脖子是为了可以吃到高处树枝上的叶子。
尽管长颈鹿的脖子可以达到2米多长，
但它和人类的脖子一样，仅由七块骨头组成。

鸭嘴兽（ *Ornithorhynchus anatinus* ）

鸭嘴兽是单孔类哺乳动物，
这是一种不常见的产卵哺乳动物。
当幼崽孵化后，鸭嘴兽妈妈会像其他哺乳动物一样用
母乳喂养它们。与大多数哺乳动物不同，鸭嘴兽长着喙。

跳鼠（ *Dipodidae* ）

通过趋同演化，这种亚洲沙漠动物演化出了与
袋鼠相似的身体特征——强壮的后肢用来跳跃，
长长的尾巴用来保持平衡。
它们还适应了在不喝水的情况下生存，
在这个过程中它们靠吃植物来获取水分。

指猴（ *Daubentonia madagascariensis* ）

来自非洲马达加斯加的指猴是一种小型狐猴。
它的两只手演化出了超长而纤细的中指，
用来把昆虫幼虫从树洞里勾出来。

墨西哥游离尾蝠（ *Tadarida brasiliensis* ）

蝙蝠是唯一演化出飞行能力的哺乳动物。
墨西哥游离尾蝠生活在庞大的蝙蝠群中。
它们使用回声定位进行狩猎，
也就是发出声音并探测从猎物上弹回的回声来确定猎物位置。

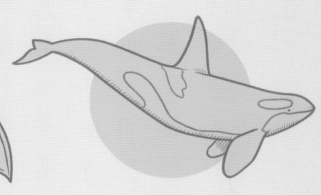

虎鲸（ *Orcinus orca* ）

虎鲸是适应海洋生活的几种哺乳动物之一。
它用头顶特化的鼻孔即喷气孔，呼吸空气。
虎鲸非常聪明，会用爆裂声和呼啸声来交流。

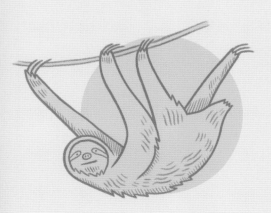

三趾树懒（ *Bradypus* ）

来自中美洲和南美洲的树懒以行动缓慢而闻名，
这能帮助它们节省能量。它们通常看起来是绿色的，
是因为它们的皮毛上生长着与它们协同演化的藻类。
这些藻类为它们提供了伪装。

考拉（ *Phascolarctos cinereus* ）

来自澳大利亚的考拉是一种有袋类动物：
这种哺乳动物将新生幼崽放在腹部的育儿袋中。
它们已经适应了以有毒的桉树叶为食。

雪豹（ *Panthera uncia* ）

雪豹生活在亚洲中部多雪的山区。
它们演化出了厚厚的皮毛来抵御寒冷，
即使脚上也是如此，
并且灰色和奶油色的斑纹给了它们完美的伪装。

术语表

保育运动　旨在努力保护和保存生物物种和它们的自然栖息地。

变形虫　一种非常简单的单细胞动物，可以根据需要改变体形。

变异　由于DNA和基因的不同，不同生物个体之间的差异，即使是在同一物种内部也存在。

标本　一种生物的样本，通常是为了研究而从野外采集。

病毒　一种比大多数细菌小得多的极小微生物，通过入侵生物的细胞来繁殖。

博物学家　研究自然和生物的人。

捕食者　捕食其他动物的动物。

哺乳动物　一种脊椎动物，以母体的乳汁喂养幼崽。

传粉　把花粉从雄蕊传到雌蕊的过程，这样有花植物就能产生种子。

DNA（脱氧核糖核酸）　一种在细胞中发现的化学物质，指导细胞工作。

大灭绝　短时间内大量物种灭绝。

大脑皮质　大脑的外层，用于感知和处理身体接收到的信息。

代　地质年代中中等时间长度的划分等级，如中生代。

蛋白质　一种在生物体内发现的化学物质，用于构建身体结构和组织。

地层　随着时间的推移，逐渐形成并沉积下来的岩石层，一般最古老的岩石层在地下最深处。

地质年代　地球及地球上的岩石和生命的整个历史的时间尺度。

叠层石　一种土丘状或片状的化石，由史前细菌层和夹在它们之间的泥土和沙子形成。

繁殖　生物物种产生新的生物个体的方式，例如通过生育后代或释放种子。

分类　把生物划分到一个系统中不同类型和群体的过程。

分子　由两个或两个以上原子组成的物质。

复眼　一种由许多独立的小眼睛组成的动物眼睛。

古生物学　研究化石以及化石所揭示的史前生物的科学。

光感受器　在生物体内发现的光感应位点、细胞或器官。

琥珀化石　保存在琥珀或者说变成化石的树脂中的生物化石。

花粉　雄蕊释放出的粉末，含有产生种子所需的雄性生殖细胞。

花蜜　花内一种含糖液体，用于吸引昆虫和其他动物给植物传粉。

化石　以岩石的形态保存下来的史前生物的遗骸或痕迹。

化石记录　迄今为止发现的化石以及它们在岩层中的分布。

基因　沿着DNA链排列的化学物质的序列，作为蛋白质的编码指令发挥作用。

基因组　在特定生物或物种中发现的全套基因和DNA。

脊椎动物　有脊柱的动物。

纪　地质年代中时间较短的划分等级，如侏罗纪。

晶状体　某些动物眼睛内部的一个透明结构，它能让通过的光线弯曲和聚焦。

竞争　两个或两个以上的生物或物种试图获得比对方更多的食物、配偶或其他资源。

菌丝体　真菌长出的根状菌丝网络，帮助吸收营养。

矿物质　纯的、天然的、非生物的物质，如金属、石英和硅。

两栖动物　一类在水中产卵的脊椎动物，如青蛙和蝾螈。

猎物　被其他动物捕食的动物。

灵长类动物　一类大脑发达的哺乳动物，手脚灵活、视力好，包括猴子、黑猩猩和人类等。

陆生动物　在陆地上生活的动物。

MYA　"百万年前（Million Years Ago）"的英语缩写，通常用来描述史前日期或生物。

灭绝　某种生物不再存在，以物种为单位完全消亡。

爬行动物　一种脊椎动物，通常有鳞、用肺呼吸、卵生。

栖息地　生物生活的自然环境。

气候　特定地点或地区的典型天气状况。

气门　一些动物如昆虫和蜘蛛身上用来呼吸的孔。

迁徙　动物根据季节进行长途迁移，通常是为了寻找食物或配偶。

亲属选择　生物群或家系的自然选择，而不是个体的自然选择。

趋同演化　两个或两个以上的物种从各自不同的群体中演化，最终变得外观和行为相似。

人工选择　选择最有用的植物和动物作为农作物和家畜进行繁殖，使它们随着时间的推移而演化的过程。

人族　现代人类或人类祖先，包括所有人属（*Homo*）物种和南方古猿属（*Australopithecus*）物种。

鳃　在鱼类和一些两栖动物中发现的呼吸器官，帮助它们从水中获取氧气。

生态位　生态系统中的特定位置或角色。

生态系统　生物群落和它们居住的栖息地或环境。

生物学　研究生物的科学。

史前　追溯到人类开始记录历史之前的时代。

适应　改变以适合新的或已经改变的环境或条件。

手指　动物前肢末端的指或指状结构。

四足动物　一种从早期鱼类演化而来的四足脊椎动物，后来演化成了两栖动物、爬行动物、鸟类和哺乳动物。

突变　DNA在细胞间复制时可能发生的意外改变，导致生物之间的差异。

外骨骼　一种坚硬的保护性外层覆盖物或外壳，在昆虫和螃蟹等动物身上可以看到。

微生物　一种只能用显微镜才能看得到的非常小的生物。

伪装　通过与周围环境相匹配来帮助生物隐藏的身体形状、颜色或图案，在动物身体上可以看到。

无脊椎动物　没有脊柱的动物。

物种　生物的一种特定类型，具有由两部分组成的学名。一个物种的成员通常只与同一物种的其他成员交配、繁殖后代。

物种形成　新物种从已有的物种中发展并分支出来的过程。

蜥脚类恐龙　一类巨大的四足植食性恐龙，有长长的脖子和尾巴。

细胞　构成生物的微小单位。单细胞生物个体由一个细胞组成。

细菌　非常小的单细胞微生物，几乎在所有类型的栖息地都能发现。

小行星　围绕太阳运行的小型岩石天体，有时会撞击地球。

协同演化　两个或两个以上物种相互依赖或相互受益的演化过程。

性选择　一种演化方式，选择最善于留下深刻印象并赢得配偶同时更有可能繁殖后代的个体。

亚种　一个物种内不同类型的生物。

演化　生物在多个世代中逐渐改变的过程。

夜行性　在夜间活动。

遗迹化石　生物留下的印记或痕迹的化石，如恐龙的脚印化石。

翼龙　一种有飞行能力的史前爬行动物，它的翅膀由展开的皮肤组成。

有袋类哺乳动物　一种哺乳动物，幼崽在母亲腹部的育儿袋里发育、成长。

有胎盘类哺乳动物　一种幼崽时期在母亲体内发育，并通过叫作胎盘的器官获取营养的哺乳动物。

鱼龙　一种与鱼相似的史前海洋爬行动物。

猿　灵长类动物的一个分支，包括大猩猩、黑猩猩、猩猩、长臂猿和人类。

宙　地质年代中时间最长的划分等级，如冥古宙。

自然选择　那些更适应自然环境的生物是被大自然选择的，它们比其他生物存活得更久、繁殖得更多。

索引

图书在版编目（CIP）数据

奇妙的演化：探索生命如何演变／（英）安娜·克
莱伯恩著；（英）韦斯利·罗宾斯绘；姜楠译. -- 杭州：
浙江教育出版社，2021.4（2023.2重印）
书名原文：Amazing Evolution: The Journey of
Life
ISBN 978-7-5722-1267-3

Ⅰ.①奇… Ⅱ.①安… ②韦… ③姜… Ⅲ.①生物—
进化—普及读物 Ⅳ.①Q11-49

中国版本图书馆CIP数据核字(2020)第267742号

引进版图书合同登记号 浙江省版权局图字：11—2020—430
THE AMAZING EVOLUTION
Copyright © 2019 Quarto Publishing plc
The right of Anna Claybourne to be identified as the author and Wesley Robins to be identified
as the illustrator of this work has been asserted by them in accordance with the
Copyright, Designs and Patents Act, 1988 (United Kingdom).
First published in 2019 by Ivy Kids, an imprint of The Quarto Group.
Simplified Chinese translation copyright © 2021 by Ginkgo (Beijing) Book Co., Ltd.
All rights reserved.
本书中文简体版权归属于银杏树下（北京）图书有限责任公司

奇妙的演化：探索生命如何演变
QIMIAO DE YANHUA: TANSUO SHENGMING RUHE YANBIAN

〔英〕安娜·克莱伯恩 著　　〔英〕韦斯利·罗宾斯 绘　　姜楠 译

选题策划：北京浪花朵朵文化传播有限公司　　　　出版统筹：吴兴元
责任编辑：江 雷 刘亦璇　　　　　　　　　　　　特约编辑：郭春艳
美术编辑：韩 波　　　　　　　　　　　　　　　　责任校对：高露露
责任印务：曹雨辰　　　　　　　　　　　　　　　　封面设计：墨白空间·唐志永
营销推广：ONEBOOK
出版发行：浙江教育出版社（杭州市天目山路40号　电话：0571- 85170300-80928 ）
印刷装订：北京利丰雅高长城印刷有限公司（北京市通州区科创东二街3号院）
开本：930mm × 1092mm 1/12　　　印张：$6\frac{2}{3}$　　　字数：191 000
版次：2021年4月第1版　　　　　　印次：2023年2月第2次印刷
标准书号：ISBN 978-7-5722-1267-3
定价：92.00 元

官方微博：@ 浪花朵朵童书　　　　　　　　　读者服务：reader@hinabook.com 188-1142-1266
投稿服务：onebook@hinabook.com 133-6631-2326　　直销服务：buy@hinabook.com 133-6657-3072